亚洲第一龙

张玉光／著　　央美阳光／绘

青岛出版集团 ｜ 青岛出版社

图书在版编目（CIP）数据

恐龙化石会说话. 1, 亚洲第一龙 / 张玉光著. — 青岛：青岛出版社, 2023.2
ISBN 978-7-5736-0607-5

Ⅰ.①恐… Ⅱ.①张… Ⅲ.①恐龙 – 青少年读物Ⅳ.①Q915.864-49

中国版本图书馆CIP数据核字（2022）第227041号

书　　名	KONGLONG HUASHI HUI SHUOHUA · YAZHOU DI-YI LONG **恐龙化石会说话·亚洲第一龙**	
著　　者	张玉光	
出版发行	青岛出版社（青岛市崂山区海尔路 182 号）	
本社网址	http://www.qdpub.com	
策　　划	张化新	
责任编辑	谢欣冉	
责任校对	朱凤霞	
装帧设计	央美阳光	
印　　刷	青岛新华印刷有限公司	
出版日期	2023 年 2 月第 1 版 2023 年 2 月第 1 次印刷	
开　　本	16 开（787mm × 1092mm）	
印　　张	32	
字　　数	600 千	
书　　号	ISBN 978-7-5736-0607-5	
定　　价	136.00 元（全 4 本）	

编校印装质量、盗版监督服务电话　4006532017

推荐序

　　博物馆是人类了解历史、开启未来世界的文化殿堂；自然博物馆更是呈现大自然缤纷样貌、激发人们探索兴趣的课堂。因此，每逢节假日，自然博物馆门口总是人流如潮，一张张稚嫩的脸庞上荡漾着难掩的兴奋与激动。他们对人类生存的世界充满无穷的好奇心和无尽的想象力，纷纷前来博物馆寻找星际空间的流星雨，认识中生代的长脖子大恐龙、首次飞天的始祖鸟，感受非洲大草原角马大迁徙、狮豹大战的宏大场面，欣赏热带雨林"植物绞杀"的生存奇观……这里不仅能为他们解惑释疑、破解谜团，更重要的是能激发他们去探索自然界深藏的奥秘，由此个个成为"自然小卫士""恐龙小达人""小小达尔文"。每逢想到此情此景，我会由衷地为他们感到高兴，欣喜自己还能为他们的成长做些微不足道的益事。科学普及要从娃娃抓起，这已成为我长期坚守的信念。当出版社的老友力邀我为同事张玉光研究员新完成的科普力作作序，我欣然应约。

　　拿到这套《恐龙化石会说话》一辑四册书稿，我极力调整自己的情绪，希望用孩童般求知的心态去打开故事书的每一页，没想到读罢每一节故事之后，其中的真人、真事和真情深深吸引了我，留给我的是接着读下去的期待。因此，我认为它不只是一套儿童科普读物，也是启迪孩子们努力探索未知的自然世界的"指路明灯"。

　　和张玉光在一起工作十几年，我自认为能比较全面地了解他的做事风格和为人。书中的背景故事都是他长年累月工作的缩影，他并没有把单调的工作当成一种负担，反而苦中作乐，变换了一个新的视角，把自己的亲身体验和感受通俗、乐观地呈现给读者，让读者透过文字感受到认识、探索自然所带来的那份美好的力量。这份真实、真情是十分难能可贵的，恐怕也是小读者要去寻找和体会的。

　　作为一位以科研、科普为主要内容的工作者，读罢该书我尚有此番感受，想必孩子们用细腻的情感和纯洁的心灵去解读，也定会有超乎寻常的体味与收获。

　　谨以此序作为阅读这套书的铺垫，我深信这套书会让你们增长知识和智慧。

北京自然博物馆馆长

前言

　　如果把漫长的地球历史看作一天，那么恐龙生存了大约50分钟，而人类的出场时间只有约短短 5 秒。显然，在地球的"记忆"里，恐龙留下了浓墨重彩的一笔。

　　在 2.3 亿年前的三叠纪，恐龙登上了"演化舞台"，不断发展壮大，成为中生代演化得最成功的生命。不料，突如其来的一场大灭绝摧毁了恐龙，让它们失去了一切，甚至没人知道它们辉煌的过往。直到 19 世纪，人们才发现，原来我们居住的星球上存在过如此神奇的动物。

　　人们是如何了解这些不可能重现的史前动物的呢？通过恐龙化石。恐龙化石是证明它们确实存在过的直接证据，向我们讲述了这些神奇生命的外貌、生活习性、演化过程……

　　作为一名古生物科研人员，我与恐龙化石已经有 20 多年的"交情"。我和这位"老朋友"之间有许多浪漫、神奇甚至惊险的故事。

　　应出版社邀约，带着些许寄托与期待，我将这些故事——准确地说是我的亲身经历编织起来，以《恐龙化石会说话》一辑四册书的形式呈现在各位读者的眼前。在这套书里，我将带领你们走进已经消失的恐龙世界，为你们讲述那些发生在恐龙身上的真实故事。当然，除了我，这套书里还有很多主角——一群可爱的孩子。他们和各位读者一样，对恐龙充满了好奇，想了解很多有关恐龙的知识。他们充满童趣的语言和天马行空的想法令我时而捧腹大笑，时而陷入沉思。当读完本套书，你们也许会和我有相似的感受。

　　希望读者朋友们喜欢这套书，并能从中学到一些知识。这会增加我继续为大家写作下去的动力和勇气。

北京自然博物馆副馆长、研究员　张玉光

目录

主要人物介绍

张玉光教授

一位研究古生物的科学家，是喜欢向孩子们传授古生物知识的好老师。他知识渊博、童心未泯，把枯燥的知识讲得生动又有趣。

顺溜儿

非常聪明的小男孩，虽然有些顽皮，却拥有非凡的想象力，脑洞深不可测。

黄米

性格腼腆的学霸，是不折不扣的"恐龙通"，脑瓜儿里装满了与恐龙相关的知识，常常让同学们惊叹不已。

唐果

聪明又傲娇，有点儿爱出风头，张扬的"外壳"下有着敏感而细腻的内心。

郭铲儿

一个活泼外向、聪慧好学的女孩儿，妥妥的"恐龙迷"，是霸王龙的铁杆粉丝。

超级大明星！

"霸王龙。"

"三角龙。"

"剑龙。"

"梁龙。"

"翼龙。"

"蛇颈龙。"

一次，我在参加四川科技月活动时，受宜宾市育英小学校长邀请为孩子们讲自然科技课。讲课的这个班里有 28 名三年级的学生。在课堂上，我问道："你们能说出哪些恐龙的名字呢？"于是，同学们给出了上面的答案。

（编者注：配图及其对话均为对故事情节的演绎和再创作，全书同。）

我不由得笑了，因为之前我在某乡村小学做科普讲座时，也问过这个问题，听到的回答基本上也是这些。

　　"看来，这几种恐龙果真名气很大啊！但是，同学们，我要纠正一点，虽然翼龙和恐龙生存在同一个时代，但翼龙并不是恐龙。这是因为恐龙多是在陆地上行走的爬行动物，而翼龙却是在空中飞行的爬行动物。"这些年，我还真没少帮翼龙"澄清误会"。

　　听完我的话，孩子们议论纷纷。显然，我打破了他们对翼龙多年来的固有印象。

　　"张老师，'蛇吞象'也是一种恐龙呀。"调皮的顺溜儿笑嘻嘻地说。

　　"我倒是第一次听说这种恐龙。"我说。

　　"张老师，我看过一幅漫画，上面画着一条蛇吞掉了一头大象，然后变成了恐龙，就像这样。"顺溜儿一边说着一边在纸上画出一组简单的漫画。同学们被这幅漫画逗得大笑起来。

　　"顺溜儿，你的脑洞也太大了吧！你让蛇吞下老鼠、兔子还可以，可让蛇吞下大象简直就是异想天开啊！"一个女生说。

"有句话说得好：'贪心不足蛇吞象。'这用以比喻人贪心不满足，就像蛇妄想吞食大象一样。"我说。

这时，有一个叫郭铲儿的小姑娘，忽闪着一对漂亮的大眼睛，站起来兴奋地说："张老师，我晓得一种恐龙，它的名气很大哟！"瞧，她这一激动，连方言都蹦出来了。

"我晓得暴龙，它的名字被用作品牌名。还有一个男明星，他的外号也叫'暴龙'。"郭铲儿的语速很快，这些话是她一口气说完的。

暴龙先生你好！我也叫暴龙，很高兴认识你。

哦，是吗？你看上去很好吃。

听郭铲儿这么一说，班上的几个男生笑了起来。其中有一个叫唐果的男生，骄傲地说："小铲儿，除了追星、赶时尚的事儿，你还知道啥？我可是很了解暴龙的，暴龙就是霸王龙呀！"

郭铲儿气得不行，对着唐果挥了挥拳头，说："糖果儿（唐果的名字总被大家叫成糖果儿），你说话不要那么刻薄，不然真对不起你这可爱的名字。"

我猜你知道

你知道哪些恐龙？写在下面吧！

_____   _____

"而且，糖果儿，请你不要再用不够专业的知识教我，我才不信你呢。"然后，小铲儿瞪着大眼睛看着我，等着我给她解围。

　　于是，我接过话："唐果同学，你只说对了一半儿。霸王龙的学名叫'雷克斯暴龙'。严格来讲，霸王龙是属于暴龙科的一种恐龙，但暴龙可不一定专指霸王龙。"

　　"张老师，您是在教我们说绕口令吧。"顺溜儿嬉笑着说。

　　"如果同学们喜欢绕口令，以后我们可以一起创作几小段。"我说完，同学们就笑了起来，教室里的气氛一下子轻松了许多。

　　"好了，现在我们回归正题。"我拍了拍手，把大家的注意力吸引过来，"关于我刚才讲到的暴龙和霸王龙的关系，同学们明白了吗？"

　　"不——明——白！"孩子们拉长声音，大声地喊道。

　　果然，对三年级的小学生来说，复杂的说法还是有些难以理解。

　　"这个关系确实有点绕，那我换一种讲法也许你们就明白了。"我清了清嗓子，在黑板上画起了人类的分类系统图。

　　之后，我继续讲道："生物学的分类等级从大到小依次排序，分别是界、门、纲、目、科、属、种。它们之间的关系就好比是老祖宗和几代子孙，虽然染色体上有相似的基因，但是越往后相似度越低。当然，他们始终属于同一姓氏家族。

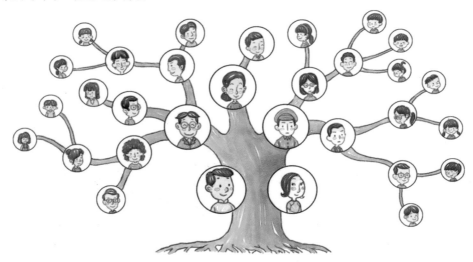

"界包含的范围很大，比如我们熟悉的动物界和植物界。从界开始到种，越往下越具体，生物之间的特征越相近。以人类为例，我们属于'动物界—脊索动物门—哺乳动物纲—灵长目—人科—人属—智人种'。"

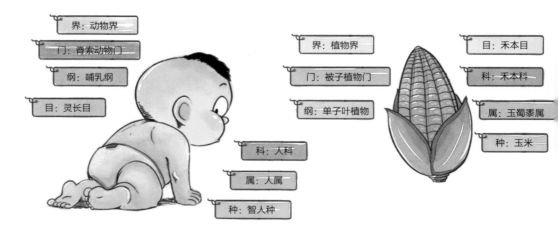

"张老师，按照您刚才讲的生物学分类等级，恐龙是什么纲什么目呀?"顺溜儿问道。

"恐龙属于爬行动物纲，在生物学上被列为一个总目。"本来我想给同学们展开讲一下这个知识点，却被顺溜儿打断了。

"张老师，请问龙属于什么纲什么目？"顺溜儿笑嘻嘻地问。

"龙是中国民间虚构的一种生物，虽然它大名鼎鼎，但在生物界却没有自己的界、门、纲、目、科、属、种。可以这样说，在生物学价值上，龙还不如你肚子里的蛔虫。"我笑着说。

在简单介绍了生物分类后，我又把话题拉了回来："我们接着说暴龙和霸王龙的关系。暴龙是一个科名，下面包含很多种暴龙类。比如：中国诸城暴龙、艾伯塔龙、特暴龙，当然还有霸王龙，都属于暴龙科。霸王龙即雷克斯暴龙，是暴龙科中体形最大的，也是名气最大的。"

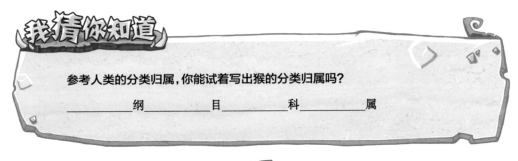

我猜你知道

参考人类的分类归属，你能试着写出猴的分类归属吗？

_____纲_____目_____科_____属

我一边说着一边打开电脑里的演示文件，为同学们展示了几种暴龙的图片。

看着看着，郭铲儿瞪大了眼睛，说："真是太酷了！张老师，我感觉这些暴龙身上有种神秘的力量，散发着迷人的魅力，我已经完全被它们吸引啦！"

后来，郭铲儿真的成了一个恐龙迷。有一次，她专门到北京自然博物馆来找我，兴奋地跟我聊起恐龙界的奇闻轶事，临走前还加了我的微信，一再拜托我及时把国际上有关暴龙的新发现告诉她。她的微信名字很有意思，叫"暴龙精灵"。看得出，她已经深深地迷上了恐龙。

霸王龙，我们一起去冒险吧！

课堂上，我特别希望有学生能提到宜宾当地出土的马门溪龙化石，所以开始引导他们。

"大家听过'中国恐龙多，四川是个窝'这句话吗？"我问。

"没有。"孩子们异口同声地回答。

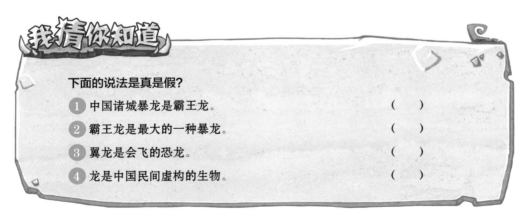

我猜你知道

下面的说法是真是假？

1 中国诸城暴龙是霸王龙。　　　　　　　　　　（　　）

2 霸王龙是最大的一种暴龙。　　　　　　　　　（　　）

3 翼龙是会飞的恐龙。　　　　　　　　　　　　（　　）

4 龙是中国民间虚构的生物。　　　　　　　　　（　　）

我还以为这句话很有名呢。看来，它只是流传在我们这些恐龙研究者和爱好者之间的"暗语"。

于是，我说道："这句话是说四川是个恐龙窝。著名的'恐龙之乡'自贡离你们这儿不远，那里有大山铺恐龙化石群遗址，化石埋藏量巨大、门类齐全、保存完整，具有重大的科学价值。因此，自贡被人们称为中国的'恐龙之乡'。"

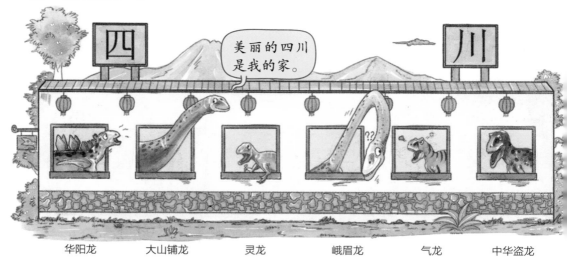

华阳龙　　　大山铺龙　　　灵龙　　　峨眉龙　　　气龙　　　中华盗龙

这时，一个男孩站起来，怯怯地说："张老师，我们宜宾也有恐龙，我知道'马溪龙'，它的脖子很长。"

虽然他少说了一个"门"字，把"马门溪龙"说成了"马溪龙"，但我还是高兴得差点跳起来。

那个害羞的男孩叫黄米。

我说："黄米同学，你说得非常好。但是，我要纠正一点，这个脖子很长的恐龙叫'马门溪龙'，不是'马溪龙'，你落了个'门'字。"

同学们大笑起来。

"马溪龙？你不知道就不要瞎说哟，黄米同学。'门'字被你吃了吗？马溪龙，哈哈，真好笑！"那个骄傲的男生——唐果扬着脖子，一边大声说一边用手拍了拍黄米。

黄米涨红着脸，嘴唇嗫嚅了几下，终究还是没有说什么。

我接着问："黄米，你是什么时候知道马门溪龙的？"

这孩子很害羞，说起话来支支吾吾的。

在我鼓励的眼神下，黄米终于提出了他的疑问："张老师，那个化石出土的地方叫'马鸣溪'，不是'马门溪'。我家在宜宾市柏溪镇，离马鸣溪渡口不远。因为我不敢确定，所以才少说了个'门'字。"

在黄米说话的时候，唐果一直用很羡慕的眼神看着他。唐果似乎也想说点什么，但此刻插不上嘴。

我赞许地对黄米点点头，说："黄米说得非常好，'马门溪龙'这个名字其实源自一个有关口音的误会。"

"啊？张老师，快给我们讲讲。"顺溜儿起哄道。

我卖了个关子："这个说来话长，等下我再详细讲解。你们知道吗？黄米提到的马门溪龙那是相当不得了呀！它可是在你们宜宾出土的超级大明星呢！"

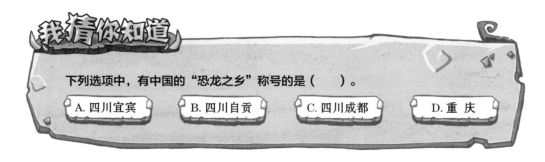

我猜你知道

下列选项中，有中国的"恐龙之乡"称号的是（　　）。

A. 四川宜宾　　B. 四川自贡　　C. 四川成都　　D. 重庆

"目前，虽然人们已经在中国发现了很多恐龙，但被全世界恐龙专家和恐龙迷们熟悉的，马门溪龙应该是首屈一指。也就是说，马门溪龙就是从四川走出来的国际巨星！"

"哇！"大家不由得发出了惊叹声。

"张老师，马门溪龙是我们四川特有的吗?"一个文静的女孩问。

我笑着摇摇头，解释道："这倒不是。你们想，马门溪龙长着 4 条大粗腿，也会四处走动，寻找舒适的环境。不过，目前四川出土的马门溪龙化石最多。这里的马门溪龙化石也是保存得最完整的。"

唐果听到这儿，眼睛睁得老大，惊讶地说："我们这儿竟然有那么多恐龙化石！太棒了，放学后我就要去挖挖看！"

　　"我也要去挖，我们俩组成化石二人组吧。"顺溜儿也迫不及待地说。

　　"没问题呀，哥们儿。"唐果回过身和顺溜儿击了掌，好像他们马上就能挖到化石了一样。

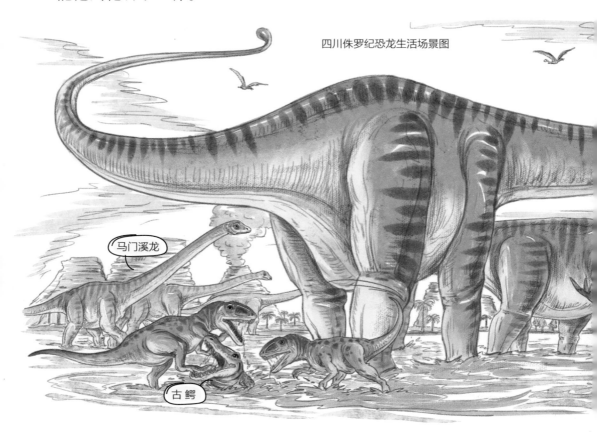

四川侏罗纪恐龙生活场景图

我被唐果迫不及待的表情逗笑了，提醒道："唐果同学，寻找化石有时也需要一点点运气。要是刻意去寻找，往往一无所获。

"过去，化石被人们叫作'龙骨'，据说有舒筋活血的功效。因此，挖到龙骨的村民会将它们卖给中药铺。你如果打算当个化石猎人，可以先去中药店捡漏儿。

"禄丰龙化石的线索最早就是从中药铺里得知的。禄丰龙被称为'中国第一龙'，是中国已知生存时代最早的恐龙，也是中国人发现和展出的第一种恐龙。禄丰当地的老百姓还用恐龙的椎体化石凹面点过煤油灯呢。"

禄丰龙生活在距今约1.9亿年前的侏罗纪早期，能够两足行走。它们多生活在湖岸或沼泽地区。

"恐龙化石用处还真多，既能做药材，又能当灯座，也算是全能材料了吧。"郭铲儿笑嘻嘻地说。

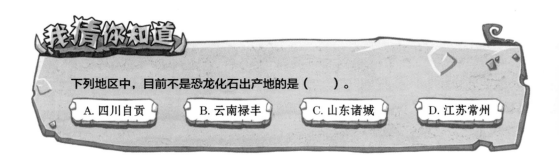

我猜你知道

下列地区中，目前不是恐龙化石出产地的是（　　）。

A. 四川自贡　　　B. 云南禄丰　　　C. 山东诸城　　　D. 江苏常州

偶然发现的"怪石头"

　　顺溜儿摇晃着高高举起的手，说道："张老师，还是先给我们讲讲马门溪龙名字的故事吧，我一直等着听呢。"

　　"好吧。事情要从1952年说起。那时候，估计你们的爷爷、奶奶年纪也不大呢。当年大批筑路工人在四川省宜宾市的马鸣溪渡口旁修筑宜塘（宜宾——塘坝）公路，意外地从地下挖掘出大批石化的骨骼。

　　"宜宾市人民文化馆及时将这个情况上报给有关部门，并将一枚样子像爪骨的化石寄到了北京。杨钟健教授经过鉴定后，确认这枚化石是恐龙化石。说起杨钟健先生，那可是相当了不起的。他曾在德国留学，不仅是那个年代不多见的'海归'，也是中国古脊椎动物学研究的第一人！

　　"宜宾市人民文化馆在得知发现的骨头化石是恐龙化石后，立刻组织人手进行现场挖掘，并小心地把所有标本放进了木箱。几经辗转，这些标本被安全地运送到北京古脊椎动物研究室。

　　"杨钟健和技工们立即开始了耗时几个月的标本清理和修复工作。同时，杨钟健又亲自到宜宾市马鸣溪渡口化石发掘地，核实标本的采集层位和化石的埋藏信息。

　　"杨钟健先生反复研究化石后，发现它们属于同一种恐龙个体：包括14枚颈椎、5枚背椎、30枚尾椎等。化石虽然数量不是很多，但在当时已经十分珍贵了。

我猜你知道

你能简单描述一下恐龙化石是怎样形成的吗？

"因为国内当时还没有发现大型蜥脚类恐龙，所以杨钟健先生只能将这批标本跟在美国发现的梁龙进行比较，结果发现化石标本在形态上十分接近梁龙，但是脖子却比梁龙长。

"根据已经被挖掘出来的材料判断，杨钟健教授认为这具恐龙化石并不完整，可能在施工过程中遭到了损坏。"

说完，我向同学们展示了马门溪龙的化石骨架线描图。

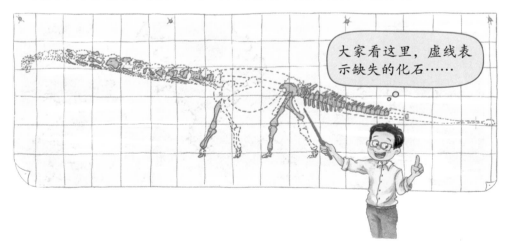

"张老师，他们没有找到头骨化石吗？"黄米小声地问道。

黄米观察得很细致。我告诉他："黄米，你发现了特别重要的一点。没错，当时人们并没有发现马门溪龙的头骨化石。虽然头骨化石非常重要，科研价值很高，但是因为头骨开孔多、骨片薄，不容易保存，所以许多恐龙的头骨化石没有被人们挖掘到。不得不说，这是一件十分遗憾的事。"

黄米似乎还有话要说，但是发现大家都在看着自己，就害羞得没再说话。

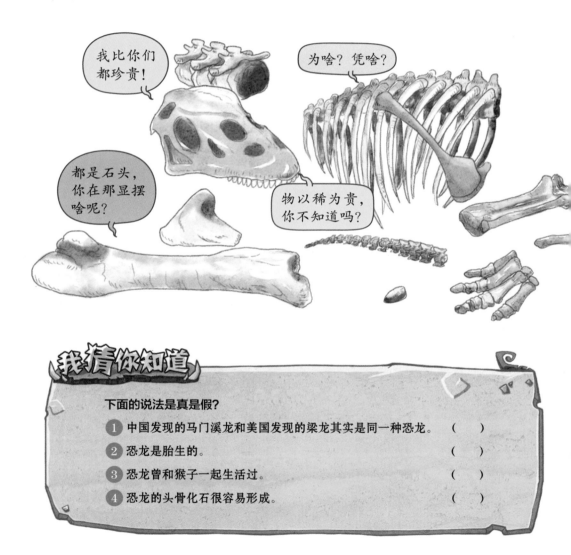

我猜你知道

下面的说法是真是假？

1. 中国发现的马门溪龙和美国发现的梁龙其实是同一种恐龙。　（　　）
2. 恐龙是胎生的。　（　　）
3. 恐龙曾和猴子一起生活过。　（　　）
4. 恐龙的头骨化石很容易形成。　（　　）

马门溪龙还是
马鸣溪龙？

"同学们，现在我要开始讲关于马门溪龙名字的故事了。"我接着讲述，"杨钟健先生将这批化石和梁龙化石综合对比后，认为在宜宾市新发现的这批化石属于一个新的恐龙种类，于是就以发现地作为属名，建立了'马门溪龙属'，并把这具化石标本的种名命名为'建设马门溪龙'。'建设'一词指的是在建设工地里发现的化石。"

科学家如何给恐龙命名

"张老师，您刚才说杨钟健先生以发现地为化石命名，那应该是马鸣溪龙才对呀，怎么变成马门溪龙了呢？"黄米疑惑地问道。

"是啊，这是怎么回事呢？"唐果第一次附和黄米的话。黄米有点受宠若惊。

我解释道："这就得讲一讲杨钟健先生的籍贯了。他是陕西人，说话带点儿乡音，容易把'鸣'的发音说成'门'，于是负责记录的人员就把'马鸣溪龙'误听成了'马门溪龙'。"

"推广普通话是多么重要！"顺溜儿感慨着。

"张老师，当时记录错了，之后改过来不行吗？"郭铲儿好奇地问。

我推了推眼镜，回答道："很遗憾，根据国际上统一的生物命名优先法则，一种生物的名字一旦正式发表，就再也不能更改了。"

这期间，黄米听得非常认真。我看着他说："黄米，这回你明白了吧？下次大胆说出马门溪龙的名字，不要再吞掉一个字了。"

他露出齐刷刷的小白牙，会心地笑了。

说起生物命名，恐龙界最冤的当属窃蛋龙了。"你们听说过窃蛋龙吗？"我问大家。

"没听过。"

"不晓得。"

"那是什么龙？"

孩子们的回答在我意料之中。我喝口水润润喉，接着说："1923年，美国古生物考察团在蒙古国南戈壁的火焰崖发现了一具恐龙化石标本。它卧在一窝恐龙蛋化石上，旁边还有两只原角龙的化石。

"考察团的人员仔细观察现场后，认为卧在蛋上的这只恐龙在偷吃原角龙的蛋，于是就把它命名为'窃蛋龙'。

"直到 20 世纪 90 年代，科学家对新发现的窃蛋龙埋藏现场进行研究，才意识到之前得出的结论是错误的：之前发现的那窝恐龙蛋是窃蛋龙产下的，它应该是伏坐在恐龙蛋上，正在为恐龙蛋取暖保温或进行孵化，并不是'偷蛋贼'。虽然这一发现使窃蛋龙沉冤昭雪，但是名字改不了了。"

"这也太冤了！"唐果替窃蛋龙鸣起了不平。

"它比窦娥还冤！"顺溜儿说。

"同学们，你们能说出几种名不副实的动物？"我问。

"海马不是马，而是一种小型鱼类。"顺溜儿首先抢答。

"豪猪不是猪。我在动物园仔细看过介绍，它们和老鼠、松鼠一样，都是啮齿类动物。"唐果也不甘示弱。

豪猪也不是猪。

海马不是马。

"兔狲既不是兔子也不是猴，而是一种猫科动物。"黄米小声说。

"你们说得都很好。另外有些软体动物的名字也会误导大家，比如：鲍鱼和墨鱼虽然名字中都带'鱼'字，但都不是鱼。这些动物的名字和窃蛋龙的名字一样，容易让我们产生错误的判断。"我补充道。

人家其实是可爱的"小猫咪"！

我打开幻灯片，找出长颈鹿和马门溪龙的身体结构对比图，然后问道："你们知道当今世界上脖子最长的动物是什么吗？"

"当然是长颈鹿了！"郭铲儿干脆地说。

我接着说："对，但是你们看这张图。如果让长颈鹿和马门溪龙比，它会输得很惨。瞧，马门溪龙和网球场一样长。它不仅个子高，脖子还很长。马门溪龙应当说是世界上脖子长占全身长比例最大的动物，马门溪龙属的任何一位成员的脖子都比长颈鹿的脖子要长很多。"

"张老师，您刚才说的马门溪龙属是什么意思？我不太明白。"黄米看着自己的笔记本，怯生生地问。他一直在认真做笔记。

"黄米，你失忆了吗？张老师之前已经讲过界、门、纲、目、科、属、种的概念了呀！你这笔记算是白记了，扔了吧。"唐果拿过黄米的笔记本，并把它举得高高的。

黄米是个内向的孩子，我怕他承受不了唐果开的玩笑，于是赶紧从唐果那里拿来笔记本，递给了黄米。

黄米接过笔记本，脸上有一丝委屈的表情，但是一句话也没说。

我赶紧打圆场："黄米提的问题很好，唐果的理解也是正确的。马门溪龙的科属关系等我详细讲完，你们就明白了。因为马门溪龙是东亚地区特有的大型蜥脚类恐龙，所以学者们给它们单独建立了一个科级分类——马门溪龙科，这也得到了国际学术界的认可。目前马门溪龙科共有4属16种，4属分别为通安龙属、峨眉龙属、秀龙属和马门溪龙属。它们的足迹遍布我国的四川盆地和其他省份。"

"那马门溪龙属现在有多少种？"黄米又提出了一个问题。看来，他不仅搞明白了属和种的概念，也渐渐变得更有勇气了。

通安龙属　　峨眉龙属　　　　马门溪龙属　　　　秀龙属

"马门溪龙属目前已命名了9个种，至于还会不会继续增加，我也不好推测。其中，建设马门溪龙是最早被发现的，之后被发现的还有合川马

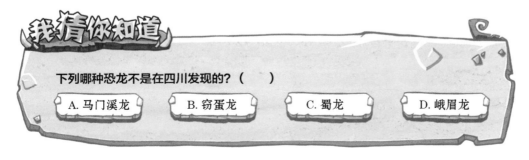

下列哪种恐龙不是在四川发现的？（　　）

A. 马门溪龙　　　B. 窃蛋龙　　　C. 蜀龙　　　D. 峨眉龙

门溪龙、中加马门溪龙、杨氏马门溪龙、安岳马门溪龙、井研马门溪龙、广元马门溪龙、釜溪马门溪龙和云南马门溪龙。它们大部分曾生活在四川省。"我希望通过这些话激发学生对家乡的自豪感。

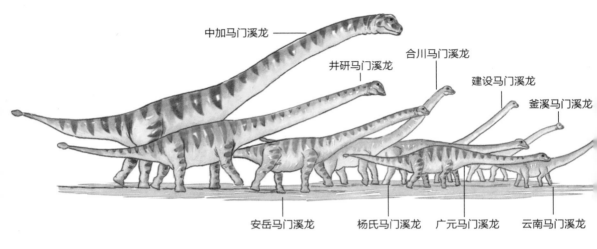

中加马门溪龙

井研马门溪龙

合川马门溪龙

建设马门溪龙

釜溪马门溪龙

安岳马门溪龙

杨氏马门溪龙

广元马门溪龙

云南马门溪龙

"不过，依我看，这些在四川省不同地点发现的马门溪龙，在当时很可能同属一个种。不然，当时的马门溪龙新种也太多了。研究人员该好好地把它们归归类了，再这样下去，新种还会增加。"我发表了自己的看法。

这堂课很快结束了。下课后，黄米将一个用报纸包得严严实实的东西递给我。我打开后发现，里面竟然是一只死去的麻雀。原来，他希望我帮助他做麻雀标本。我不假思索地答应了他。也正是因为这只麻雀，我和黄米成了忘年之交，经常会交流有关古生物的知识。

张老师，您能让麻雀"复活"吗？

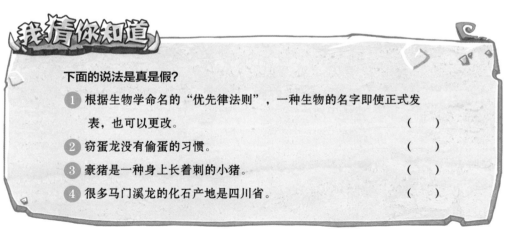

我猜你知道

下面的说法是真是假？

1. 根据生物学命名的"优先律法则"，一种生物的名字即使正式发表，也可以更改。 （　　）

2. 窃蛋龙没有偷蛋的习惯。 （　　）

3. 豪猪是一种身上长着刺的小猪。 （　　）

4. 很多马门溪龙的化石产地是四川省。 （　　）

亚洲第一龙"重生记"

第二堂课的上课铃声响了。这堂课的气氛比上一次更加活跃，同学们表现出更加强烈的学习兴趣，尤其是顺溜儿，早就高高地举起了他的手，不断地摇晃着。

"顺溜儿，别晃了，说说你的问题吧。"我笑着说。

顺溜儿迫不及待地站起来："张老师，您说马门溪龙有好多种，可您讲了半天就只讲了一种。其他马门溪龙有什么好玩儿的事儿，您也给我们

讲一讲呗。"

顺溜儿这孩子求知欲很强。于是，我应他的要求，讲了另一种马门溪龙——合川马门溪龙。

我敲了敲黑板，然后说："合川马门溪龙可是非常了不起的。合川马

门溪龙化石是人们这么多年来发现的保存状态较原始、较完整的马门溪龙化石。它被誉为'亚洲第一龙'！"

"哇！"孩子们发出了惊讶的声音。

"那合川马门溪龙是在合川被发现的吗？"唐果问。

我说："唐果说得对。这要从 1957 年讲起了，一个地质调查队在合川县太和镇古楼山考察时，意外地在红色砂岩层中发现了白色石块，看起来像动物骨骼。因为有建设马门溪龙的前期经验，所以大家很快意识到，这些石块是恐龙化石。于是，他们立刻向有关部门报告。之后，专业人员立即开始了野外发掘工作。

"几个月后，一具完整的恐龙化石骨架展现在人们的面前。1964 年，杨钟健和赵喜进等科学家开始对这批标本进行研究。他们对比后发现，这具标本在基本骨骼特征上与建设马门溪龙比较接近。因此，杨钟健将它归入马门溪龙属中，并以产地合川为它命名。当时的合川县现在已经是重庆市合川区了。

"为了让更多人认识这只巨大的恐龙，杨钟健带领技术人员将标本装架。"

"等一下，张老师。装架是啥意思？是庄稼？难道他们去插秧了？"听到不明白的名词，顺溜儿一脸疑惑。他的话却让大家哈哈大笑。

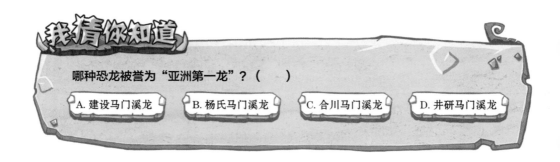

哪种恐龙被誉为"亚洲第一龙"？（　　）

A. 建设马门溪龙　　　B. 杨氏马门溪龙　　　C. 合川马门溪龙　　　D. 井研马门溪龙

我的嘴角忍不住上扬："顺溜儿同学，我刚刚说的是'装架'可不是'庄稼'。它俩是不同的词儿。"

顺溜儿也知道自己闹出了大笑话。他挠挠头，不好意思地说："别笑话我啦，你们也不知道装架是什么意思吧。"

"好好好，大家别笑了。我为同学们解答。装架是一种能让恐龙化石重新'站'起来的神奇技术！"我对他们说。

"张老师，我明白了，装架就是把分散的恐龙化石连在一起，就像搭积木似的。所以，它听起来复杂，操作起来很容易。"唐果故作聪明地说。

我笑眯眯地说："唐果的比喻很形象。但是，装架可不是一件简单的事。科学家需要先做一个结实的钢梁，然后把化石固定在钢梁上。对专业人员来说，这可不只是脑力活，还需要他们成为技术过硬的好车工！"

我又说回了合川马门溪龙："当合川马门溪龙装架完成后，所有人惊呆了，长达22米的东方巨龙从此一夜成名。可想而知，这在当时造成了多么大的轰动。要知道，那时很多人对恐龙几乎一无所知，化石的发现证实了恐龙的确存在过。"

"一夜成名，大块头就是有大优势呀。"郭铲儿笑着说。

我补充道："是啊！合川马门溪龙自从被人们发现以来，就以化石保存完整、具有较高的科研价值而享誉世界。后来，著名的恐龙专家董枝明教授发布了'百年中国十大恐龙明星'，合川马门溪龙榜上有名。"

"又是一个超级巨星啊！在哪里能看到这个大明星呢？"郭铲儿问。

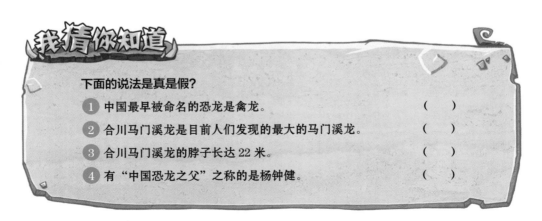

我猜你知道

下面的说法是真是假？

1 中国最早被命名的恐龙是禽龙。　　　　　　　　　　（　　）

2 合川马门溪龙是目前人们发现的最大的马门溪龙。（　　）

3 合川马门溪龙的脖子长达22米。　　　　　　　　（　　）

4 有"中国恐龙之父"之称的是杨钟健。　　　　　　（　　）

"合川马门溪龙正型标本现保存于成都理工大学博物馆内，是当之无愧的镇馆之宝。"我回答。

讲完合川马门溪龙，我感觉有些口渴，刚打算喝口水，就见郭铲儿又举起了手。她说道："张老师，还有杨氏马门溪龙呢！您也给我们讲讲吧！"

碰上这群求知欲旺盛的孩子，我连喝口水的时间都没有。

"好啊，那你想知道什么？"我问郭铲儿。

"这个……"郭铲儿对我的提问丝毫没有准备，一下子什么都说不出来了。这时，唐果主动站出来，替郭铲儿解了围："张老师，您从杨氏马门溪龙的名字讲起吧。"

"对对对，张老师，它为什么叫杨氏马门溪龙呢？难道它姓杨？那有没有牛氏马门溪龙呢？"顺溜儿这孩子挺有想象力。

我抿口水，润了润发干的喉咙，然后说："杨氏马门溪龙的发现地你们应该不陌生，还记得恐龙之乡是哪儿吗？"

"自贡！"孩子们齐声答道。我开心地拍了下手："对，就是自贡，杨氏马门溪龙的化石就是在那里被发现的。杨钟健教授作为中国古脊椎动物学的泰斗，为建设马门溪龙、合川马门溪龙的研究付出了很多心血。自贡恐龙博物馆的科研人员在研究一具自贡出土的马门溪龙化石时，为了纪念杨先生，特地将其命名为杨氏马门溪龙。"

"要是我的名字以后能被拿来命名恐龙，那一定帅呆了！"顺溜儿摸着下巴，美滋滋地说。

我接过他的话："那你就好好学习，将来做个古生物学家。没准儿，这个愿望就实现了。除了名字有特殊意义，杨氏马门溪龙还是我国发现的第一具保存有完整头骨化石的马门溪龙。"

"这个厉害！张老师，您快详细讲讲！"顺溜儿对恐龙还真是着迷。

我对他们说："好，我这就讲给你们听。杨氏马门溪龙化石是自贡的一个村民无意中发现的。在 1988 年的某一天，自贡恐龙博物馆来了一位叫宋仁发的村民。他向博物馆的工作人员汇报，在自家附近的采石场发现了恐龙化石。

这是个啥东西？

恐龙化石多少钱一斤？

"于是，博物馆的技术人员立即前往调查。结果，他们在现场只找到了少量破碎的骨骼化石。因为当时这种零星的化石在自贡地区有很多，所以技术人员并没怎么重视，只是简单处理了一下现场就离开了。"

"这也太草率了！"郭铲儿有些担忧地说。

我摇摇头，笑着说："宋仁发有些不甘心。等工作人员离开后，他又跑到采石场继续挖，更大的化石不断暴露出来。于是，他再次来到自贡恐龙博物馆报告情况。博物馆的工作人员立即组织发掘队开展工作。20 多天后，一具保存完好的恐龙化石被运回了博物馆。

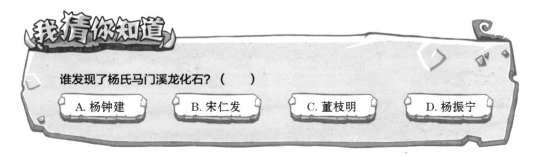

我猜你知道

谁发现了杨氏马门溪龙化石？（　　　）

A. 杨钟建　　　　B. 宋仁发　　　　C. 董枝明　　　　D. 杨振宁

"因为化石埋藏在坚硬的石英砂岩中，所以标本修理工作进行得很慢，用了 10 多年的时间才完成。从骨骼标本的基本特征看，它应当属于马门溪龙属。更重要的是，它的头骨化石保存得非常完整。要知道，在这之前我国可是从没发现过头骨如此完整的马门溪龙化石呀！因此，它成为第一具保存有完整头骨的马门溪龙化石。同时，研究人员还在化石外侧的岩石上发现了珍贵的马门溪龙皮肤印痕化石。"

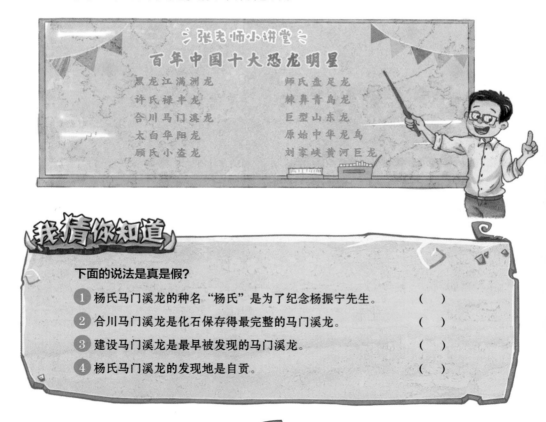

张老师小讲堂

百年中国十大恐龙明星

黑龙江满洲龙　　　　师氏盘足龙

许氏禄丰龙　　　　　棘鼻青岛龙

合川马门溪龙　　　　巨型山东龙

太白华阳龙　　　　　原始中华龙鸟

顾氏小盗龙　　　　　刘家峡黄河巨龙

我猜你知道

下面的说法是真是假？

1 杨氏马门溪龙的种名"杨氏"是为了纪念杨振宁先生。　（　　）

2 合川马门溪龙是化石保存得最完整的马门溪龙。　（　　）

3 建设马门溪龙是最早被发现的马门溪龙。　（　　）

4 杨氏马门溪龙的发现地是自贡。　（　　）

皮肤、头骨和牙齿的秘密！

"皮肤化石？那是什么东西啊？"顺溜儿挠挠头。

唐果也觉得很疑惑："一般情况下，皮肤很快就腐烂了，怎么会变成化石呢？坚硬的骨头才有可能变成化石啊。"

我听着他们的讨论，很是欣慰："皮肤确实很难形成化石保存下来。也正因为如此，皮肤印痕化石就显得尤为珍贵。到目前为止，全世界发现的各类恐龙皮肤印痕化石也只有十余例。同学们千万不要漏掉两个关键字——印痕。研究人员发现的是杨氏马门溪龙的皮肤印痕化石。"

"就是皮肤纹理印模呗！"顺溜儿忍不住发表自己的见解。

我点点头说："是的，就好像你们玩泥巴的时候指纹、手纹会留在泥巴上一样。皮肤印痕的保存可没那么容易。在杨氏马门溪龙化石出土前，咱们始终无从知晓马门溪龙的皮肤长什么样。多亏这块皮肤印痕化石，它揭开了马门溪龙的皮肤之谜。

"杨氏马门溪龙皮肤印痕化石是我国发现的第一例蜥脚类恐龙皮肤印痕化石。"

唐果举起了手："张老师，我有个疑问。之前您也提过蜥脚类恐龙，它是什么意思？"

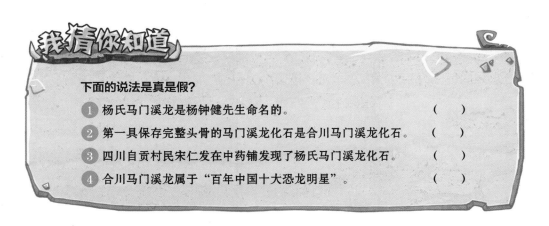

下面的说法是真是假？

1. 杨氏马门溪龙是杨钟健先生命名的。   （   ）

2. 第一具保存完整头骨的马门溪龙化石是合川马门溪龙化石。   （   ）

3. 四川自贡村民宋仁发在中药铺发现了杨氏马门溪龙化石。   （   ）

4. 合川马门溪龙属于"百年中国十大恐龙明星"。   （   ）

唐果听课很认真呀。也许是受黄米的影响，也许是出于对恐龙的热爱，这个骄傲又有些调皮的大男孩也开始记笔记了。我欣慰地点点头，随即解释道："古生物学家为了方便区分恐龙的种类，根据它们的'腰带'——也就是骨盆的不同，将它们分为两大类——蜥臀目和鸟臀目，然后又在此基础上进行了更加细致的分类。

"蜥脚类就是蜥臀目下的一类。它们是植食性恐龙，以身体庞大、头小、四足行走等为主要特征。阿根廷龙、梁龙、腕龙、马门溪龙都是蜥脚类恐龙。"

阿根廷龙　　　马门溪龙　　　　　　　　　　　　梁龙

我将话题转回了之前说到的皮肤印痕化石上："古生物学家经过研究后发现，马门溪龙的皮肤与现生爬行动物（比如巨蜥或鳄类）的皮肤有很多相似的地方。因此，他们推测马门溪龙可能也长着粗糙、坚韧的皮肤。这种推测是合理的，因为这种表皮可以对身体起到很好的保护作用，从而避免在争斗中受伤。"

黄米举起手："张老师，您能告诉我们恐龙的皮肤是什么颜色的吗？"

我笑呵呵地回答："黄米的这个问题有点不好回答。现在人们还没有发现任何有关恐龙皮肤颜色的证据，因此只能通过与现生动物类比进行推测。

"植食性恐龙的皮肤颜色可能比较单调，如暗绿色、灰褐色，尽量与生存环境一致；而肉食性恐龙的皮肤可能色彩斑斓；一些恐龙的皮肤也许是比较亮丽的警戒色。此外，有些小型恐龙还可能和现生的变色龙一样，能随着环境的变化改变皮肤的颜色，可以很好地伪装和保护自己。当然，这些只是人们的推测，恐龙的皮肤颜色之谜还需要我们不断去探索和研究。"

"黄米，这个问题以后就等着你来解决了。"唐果突然对一旁的黄米说道。黄米听后有些不知所措，不好意思地瞧着唐果。唐果扭过头，故意咳嗽了一声，真诚地说："这可是我的真心话。"黄米露出了灿烂的笑容，重重地点了点头。

看到这种情况我很欣慰。唐果好像不那么骄傲了，黄米似乎也变得开朗了许多。

"张老师，杨氏马门溪龙的头骨化石这么珍贵，您那里有照片吗？我很想看看。"郭铲儿一脸期待地望着我。

我怎么能让学生失望呢？很快，我就在电脑里找到了照片。

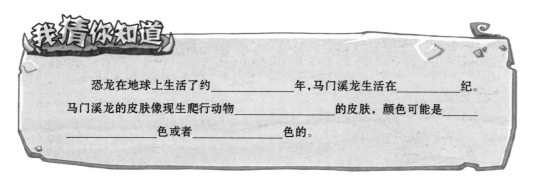

我猜你知道

恐龙在地球上生活了约_____年，马门溪龙生活在_____纪。

马门溪龙的皮肤像现生爬行动物_____的皮肤，颜色可能是_____色或者_____色的。

我一边展示照片一边继续讲道："同学们，你们知道吗？事实上，在没有发现杨氏马门溪龙的头骨之前，马门溪龙曾经在很长一段时间里顶着梁龙的头。"

"啊？还有这种事儿？这不是张冠李戴吗？"

"也不问问马门溪龙同意不同意？"

"请问，由马门溪龙的身体和梁龙的头组成的恐龙叫什么？"

"应该叫梁龙，因为我们看脸。"

"不对！要叫马门溪龙，因为身体比头大，所以要按照身体命名！"

"我觉得可以叫'梁马门溪龙'，'头身兼顾'！"

…………

听同学们越聊越偏题，我赶紧拍拍手，把话题拽回来："在杨氏马门溪龙被发现前，其他马门溪龙都没有头骨化石。到了复原和装架的时候，专家们犯了愁，总不能在展览的时候把没头的马门溪龙骨架推出去吧？为了解决这个问题，专家们将马门溪龙与国外发现的一些大型蜥脚类恐龙进行了对比。他们发现，马门溪龙跟梁龙有些接近，于是在复原时，给马门溪龙安上了类似梁龙的头骨。

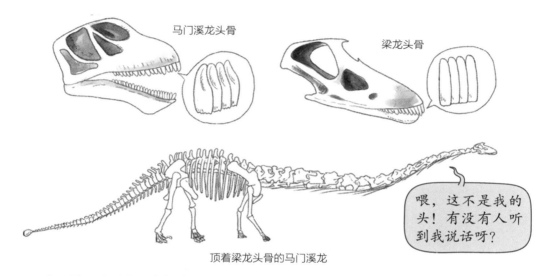

马门溪龙头骨

梁龙头骨

喂，这不是我的头！有没有人听到我说话呀？

顶着梁龙头骨的马门溪龙

"直到杨氏马门溪龙完整的头骨化石出土，科学家才发现马门溪龙的头骨和梁龙的头骨有较大差异。之后，国内的众多博物馆陆续为马门溪龙换上了属于自己的头骨。"

还是自己的头好。

"那么，梁龙和马门溪龙的头骨有什么不同呢？"黄米问。

"马门溪龙头骨较高，鼻孔被骨柱隔开，口中具有排列紧密的勺状齿；梁龙头骨较低，鼻孔中间没有被骨柱隔开，口中是棒状齿。"我回答。

"张老师，不同恐龙的牙齿也不一样吗？"郭铲儿问。

我说："咱们先了解一下人类的牙齿。按照形态和功能我们的牙齿有切牙、尖牙、前磨牙和磨牙4种，它们的形状不一样。其中，切牙就是门牙，具有切割食物的功能，尖牙可以撕咬，磨牙负责咀嚼。"

人类牙齿　　　　　　狮子牙齿　　　　　　兔子牙齿

肉食动物的犬齿较发达，适于撕裂食物；而植食动物的门齿较发达，适于切割食物。

看到同学们纷纷点头，我继续说："人类和其他哺乳动物的牙齿都是异型齿，而恐龙的牙齿属于同型齿。同型齿就是牙齿没有分化，每颗牙都长得一样。一般情况下，一条恐龙的嘴巴里只有一种形状的牙齿，但不同种类恐龙的牙齿形态差异很大。

"通常来讲，肉食性恐龙的牙齿呈匕首状，且牙齿的边缘有很多锯齿，尖锐又锋利，比如与马门溪龙生活在同时期的永川龙就长着一嘴匕首状的牙齿。而植食性恐龙的牙齿形态相对复杂一些，有的状如勺子，代表恐龙是马门溪龙；有的状如钉子，如梁龙；也有的状如叶片，如古角龙。与异型齿相比，同型齿具有很明显的缺点，因为同型齿只有撕咬的功能，没有咀嚼的功能，所以恐龙进食时只能'囫囵吞枣'。当然啦，囫囵吞下的食物不容易被消化，于是一些恐龙进化出了吞食小石头的习性。石头随着胃的蠕动与食物反复搅拌摩擦，食物被磨碎，石头也渐渐被磨光。这与有些现生鸟类啄食小石子非常相似。

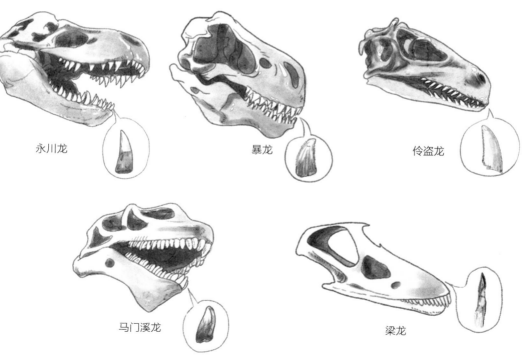

永川龙　　　　　　　暴龙　　　　　　　伶盗龙

马门溪龙　　　　　　梁龙

"但是，这种同型齿也有优点，那就是能够定期更换，以新替旧。恐龙的牙齿每当老化或磨损严重时，就会自然脱落，然后新的牙齿长出来接班。这一点着实让人羡慕。"

"要是我的牙齿也可以定期更换，我就不用每天刷牙了！"顺溜儿畅想着。

"是啊，那样就不用去看牙医了。"郭铲儿说。

黄米问："张老师，马门溪龙的牙齿也是这样的吗？"

马门溪龙生活场景图

我点点头答道："是的。从杨氏马门溪龙的头骨化石来看，它们的牙齿是典型的勺状齿，不仅数量多，而且替换功能很完善。人们通过研究估算，马门溪龙每天要吃掉 300 千克以上的食物，吃饭时间甚至有 20 个小时！因此，马门溪龙的牙齿使用频率高，磨损速度快，更换的次数也比较多。"

"哈哈！这不就是典型的吃货吗？"顺溜儿开着玩笑。

下课了，同学们还在纷纷议论着关于牙齿的话题。

"考考你，哪种动物的牙齿最多？"顺溜儿问郭铲儿。

"不知道。"郭铲儿说。

"大象吧。"一个女生说。

"我猜是鲨鱼。"一个男生说。

"都错了，是蜗牛。"顺溜儿得意地说。

"啊？"郭铲儿张大了嘴巴。

"很少有人把蜗牛和最多的牙齿联系在一起。实际上，一只蜗牛能有两万多颗牙齿。它们的牙齿长在舌头上，人们用肉眼根本看不到。"顺溜儿开心地讲着。

我才是世界上牙齿最多的动物。

"真没想到，小小的牙齿里居然藏着这么多秘密！"一个男生拍着手说。

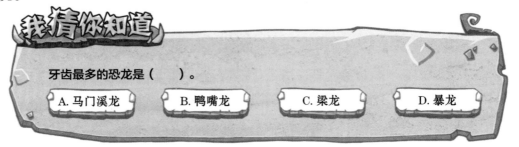

我猜你知道

牙齿最多的恐龙是（　　）。

A. 马门溪龙　　B. 鸭嘴龙　　C. 梁龙　　D. 暴龙

长脖子王的烦恼

第三节课开始了。郭铲儿第一个提问："张老师，马门溪龙的脖子到底有多长啊？"

我一边打开幻灯片一边说："俗话说'龙生九子，子子不同'。目前，在马门溪龙属下有9个不同种，就像姓马的爸爸有9个孩子，他们虽然都姓马，但名字却不一样，并且这些孩子的体形也有差异。每种马门溪龙的体形也不一样。例如：中加马门溪龙身长约为30米，脖子约有15米长；井研马门溪龙身长约为26米，脖子长约13米；合川马门溪龙身长约为22米，脖子约有11米长。大家能看出什么规律吗？"

"不能！"同学们齐声说着。

好吧，他们只是一群三年级的孩子。于是，我自问自答起来："事实上，马门溪龙有一个特点，那就是不管哪个种，脖子都差不多占身长的一半。

"如果硬要给这些'马家军'脖子的长度定个范围，那么应在 5 ~ 15 米之间。它们的脖子由 19 节颈椎组成。

"长颈鹿是目前世界上最高的动物，有谁知道它们的颈椎有多少节呢？"

教室里一片沉默。

"别看长颈鹿的脖子长，其实它们的颈椎数和人类的一样，都是 7 节。几乎所有哺乳动物的颈椎都是 7 节。"我又一次回答了自己的提问。

"马门溪龙的颈椎居然有 19 节，也太长了。它们的脖子这么长，有什么用呢？"顺溜儿打量着幻灯片里的图片，疑惑地问。

我刚想解释，唐果先开了口："顺溜儿，你也不想想，马门溪龙长着那么大的身体，每天肯定要吃很多食物，如果光啃地上的那点儿草，哪够吃的？有了长脖子，它们就能吃到其他恐龙够不到的高处的植物了。"

眼馋了吧！只有我这样的高个子才能吃到这么美味的叶子。

上面的叶子会不会更好吃一点？

"就像长颈鹿吃树叶一样？"顺溜儿挠挠头，想象着那样的景象。

这时，黄米提出了一连串的疑问："马门溪龙的长脖子灵活吗？能像长颈鹿那样抬很高吗？它们的脖子那么长，会不会容易折断？"

我很欣慰，一个三年级的孩子能提出这样的问题。看来，黄米真的有认真思考。黄米刚问完，唐果就用那充满好奇的眼神看着我。显然，他也很想知道问题的答案。

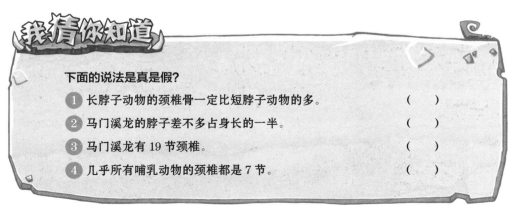

我猜你知道

下面的说法是真是假？

1 长脖子动物的颈椎骨一定比短脖子动物的多。　　　　（　　）

2 马门溪龙的脖子差不多占身长的一半。　　　　　　　（　　）

3 马门溪龙有 19 节颈椎。　　　　　　　　　　　　　（　　）

4 几乎所有哺乳动物的颈椎都是 7 节。　　　　　　　　（　　）

"马门溪龙的脖子由长长的、相互紧密关联在一起的颈椎支撑着，而且在颈椎的下面长有长长的颈肋，因此十分僵硬，转动起来也很缓慢。这样的脖子不能抬得过高，否则颈肋会穿破脖子上的皮肤。跟长颈鹿比起来，马门溪龙脖子不够灵活。"我回答。

我的长脖子转起来肯定更有感觉，但是我不敢，转脖子要命啊！

左三圈、右三圈，脖子扭扭，屁股扭扭。

马门溪龙颈椎化石

颈肋

"张老师，颈肋是什么啊？是肋骨吗？"郭铲儿有些迷茫。

我点开一张放大的马门溪龙的颈椎图，然后说："大家看，在马门溪龙颈部靠下的地方，是不是还有长长的骨头？那就是颈肋。最长的颈肋有3米，大约有两个顺溜儿那么高吧。"

顺溜儿听到后吐了吐舌头，意外地说："我咋成了计量单位？"

同学们哈哈大笑。

原来我的脖子长这样。说实话，我也是第一次看自己的脖子透视图。

言归正传，我继续说："之前，科学家也认为马门溪龙可以把脖子抬得很高，就把博物馆里的马门溪龙骨架摆成昂首阔步的姿态。但后来，很多科学家认为，如果马门溪龙把脖子抬得太高，那么长长的颈肋很可能会刺穿皮肤等软组织，从而暴露在外面，因此马门溪龙不能像长颈鹿那样随意把头抬高。"

"哈哈，马门溪龙输了！长颈鹿的脖子可是很灵活的，我还看过它们用长脖子打架呢！"顺溜儿笑嘻嘻地说。

"另外，血压可能也是限制马门溪龙抬高脖子的因素之一。"我说。

"难道它有高血压？"一个女生笑着问道。

"血压问题不等于高血压。血管内的血液对血管壁的侧压力就是血压。举个例子，你们在地上蹲一会儿，然后猛地站起来，会不会感觉眼前发黑、脑袋发晕？"我说。

"会！有一次我外婆蹲在地上系鞋带，突然站起来后，就晕过去了。"一个女生心有余悸地说。

"那是头部血液供应不及时引起的。"我告诉她。

我继续说道："像马门溪龙这样的恐龙，如果将头抬至超过 10 米的高度，那就需要一个硕大且强壮的心脏和超高的血压，才能及时把血液送到头部。这简直难以想象！"

"咦？那就奇怪了。为什么长颈鹿可以抬高脖子啊？"郭铲儿问到了关键点。

马门溪龙也怕高血压啊！

我笑呵呵地解释："首先，长颈鹿在体形上远远比不上马门溪龙；其次，长颈鹿天生有大心脏，而且有特殊的供血系统，能够轻松地把血液输至'高高在上'的脑部。另外，当长颈鹿低头喝水时，位于颈静脉的'阀门'会自动调节血量，以保持头部血压稳定。因此，长颈鹿既不会脑缺血，也不会脑出血。远古生物马门溪龙的供血系统则可能不及哺乳动物长颈鹿进化得完善。"

顺溜儿转了转他的眼珠，问道："那马门溪龙低头喝水的时候，会不会脑出血？"

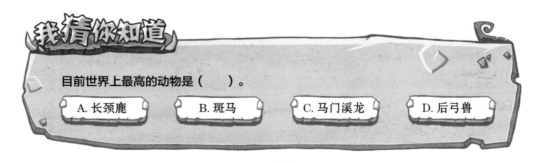

我猜你知道

目前世界上最高的动物是（　　）。

A. 长颈鹿　　　　B. 斑马　　　　C. 马门溪龙　　　　D. 后弓兽

我还没来得及回答，黄米说话了："也许马门溪龙有和长颈鹿类似的阀门？"唐果似乎同意黄米的观点："对啊，它如果不能自由地低头和抬头，那为什么要进化出这么长的脖子？"

的确，很多古生物学家也有这样的观点，黄米和唐果这两个孩子真的很会思考。

"张老师，我相信达尔文的'物竞天择，适者生存'理论。我是这样想的：侏罗纪时期，陆地上到处是高大的乔木。这就说明马门溪龙的长脖子应该很适应当时的环境，因为长脖子的马门溪龙可以吃到其他恐龙够不着的位于高处的树叶。还有啊，我又从树的角度想了想，树也要生存下去呀。它们为了保护自己的树叶，就越长越高，所以马门溪龙的脖子也进化得越来越长。"唐果一口气说了很多，一环扣一环的语言逻辑让我对他刮目相看。

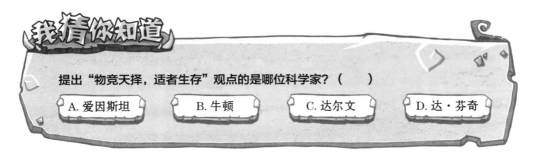

我猜你知道

提出"物竞天择，适者生存"观点的是哪位科学家？（　　）

A. 爱因斯坦　　B. 牛顿　　C. 达尔文　　D. 达·芬奇

　　"也许，峨眉龙、马门溪龙这类恐龙的脖子能够抬高，只是动作不太灵活，弯曲度不能太大。它们做什么都慢吞吞的。"黄米说。

　　黄米说完，郭铲儿若有所思地说："对，我赞成你的说法。另外，我觉得马门溪龙可能是一群很懒的家伙。它们进化出长长的脖子，在觅食时不用移动身体，伸伸脖子就能够到食物，多省事啊！真是懒人有懒招。"

"我跟你们讲，我第一眼看到马门溪龙图片的时候，就想到了建筑工地上的那些高空作业车：有着长长的'脖子'，工作的时候，车身不用动，只动动'脖子'就可以了。马门溪龙就是活着的高空作业车！"顺溜儿又开始了他的想象。

"顺溜儿，可真有你的！你这个比喻也太形象了吧！"郭铲儿兴奋地说。

我开始佩服这些小学三年级的孩子们了，他们不仅有丰富的想象力，还能准确地表达出自己的想法。人小鬼大说的就是他们吧！

张老师小讲堂
马门溪龙大家族

属种名称	产地	体长
建设马门溪龙	四川宜宾	约13米
合川马门溪龙	重庆合川	约22米
	甘肃永登	16~18米
	四川自贡	约20米
中加马门溪龙	新疆准噶尔	26~35米
杨氏马门溪龙	四川自贡	约16米
安岳马门溪龙	四川安岳	21~23米
井研马门溪龙	四川井研	20~26米
釜溪马门溪龙	四川自贡	约14米
广元马门溪龙	四川广元	约16米
云南马门溪龙	云南川街	约20米

长脖子、长尾巴
的家伙们

郭铲儿说："张老师，马门溪龙的尾巴也很长啊。这么长的尾巴有什么用吗？"

"郭铲儿同学，你观察得很细致。马门溪龙的尾巴占据了身体的一大部分，能够维持身体平衡。你知道它的尾椎有多少节吗？"我反问郭铲儿。

听到这儿，同学们开始了热烈的讨论。

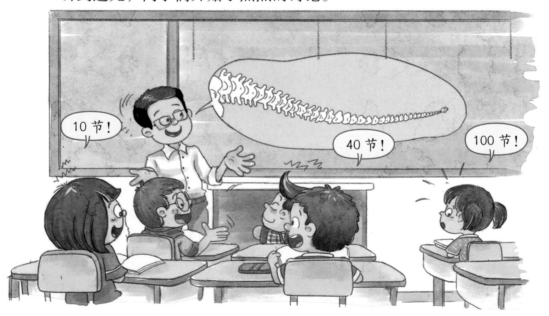

我及时打断了他们，然后讲道："马门溪龙的尾巴长度不到体长的三分之一，尾椎大概有40节。

"确切地说，应该在45节以上。至于上限，科学家结合其他大型蜥脚类恐龙进行了分析。梁龙的鞭状尾占体长的一半以上，而马门溪龙的尾巴要比梁龙的尾巴短，因此其尾椎的数量应比梁龙类的少。再结合国内的相关发现，研究人员推测马门溪龙的尾椎应该不超过 55 节。

"不同种类恐龙的尾巴长度也不相同。甲龙类恐龙的尾巴比较短，尾椎一般不超过 40 节；兽脚类、鸟脚类恐龙的尾巴比较长，尾椎大多不超过 50 节，但个别种类的尾椎多于 50 节，比如中华龙鸟的尾椎就有约 60 节，它的尾巴长度是躯干长度的 2 倍以上；鸭嘴龙类恐龙的尾巴虽然不是特别长，但由于每节尾椎的长度都很短，因此尾椎也较多，约有 60 节；而大型蜥脚类恐龙的尾巴一般比较长，尾椎也比较多，通常超过 50 节，其中少数个体（如梁龙）的尾巴又细又长，尾椎也特别多，约有 80 节。"

梁龙

马门溪龙

栉龙

剑龙

甲龙

鸭嘴龙

中华龙鸟

禽龙

这时，我将在国内发现的长着长脖子和长尾巴的恐龙的资料与照片通过投影仪展示给同学们看。

合川马门溪龙骨架

天府峨眉龙骨架

"在中国发现的长脖子恐龙分布范围和时代跨度较广，数量、种类也很多。这是因为侏罗纪、白垩纪沉积下来的地层在中国的沉积较为连续、稳定，元谋盆地、四川盆地以及西北地区的准噶尔盆地等都是我国侏罗纪、白垩纪重要的沉积中心。"

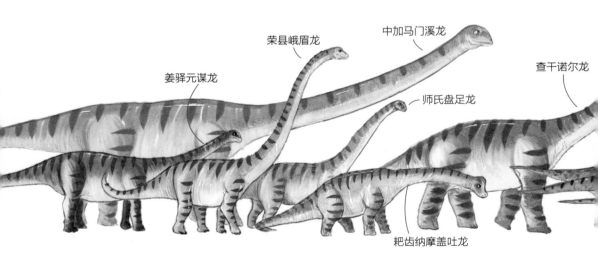

荣县峨眉龙

中加马门溪龙

查干诺尔龙

姜驿元谋龙

师氏盘足龙

耙齿纳摩盖吐龙

我开始给同学们讲解在我国发现的长脖子恐龙们。

姜驿元谋龙：生活在侏罗纪中期，化石产地为云南省楚雄彝族自治州元谋县姜驿乡。

荣县峨眉龙：是马门溪龙科的成员，生活在侏罗纪中期，化石产地是四川省自贡市荣县西瓜山。

合川马门溪龙：生活在晚侏罗世，化石发现于重庆市合川区太和镇。

中加马门溪龙：生活在晚侏罗世，化石发现地为新疆奇台县将军庙戈壁。

师氏盘足龙：化石发现于山东省蒙阴县宁家沟（现属新泰市），生存于晚侏罗世，是我国发现的第一只蜥脚类恐龙。

釜溪自贡龙：四足行走，生活在晚侏罗世早期，化石产于四川省自贡市伍家坝的釜溪河。

中日蝶龙：化石发现于新疆吐鲁番盆地，地质年代为侏罗纪晚期。

查干诺尔龙：生活在早白垩世，化石产地为内蒙古锡林郭勒盟苏尼特右旗查干诺尔碱矿。

礼贤江山龙：生活在早白垩世晚期，化石发现于浙江省江山市。

西地九台龙：生活在白垩纪，化石产地为吉林省九台区苇子沟镇西地村。

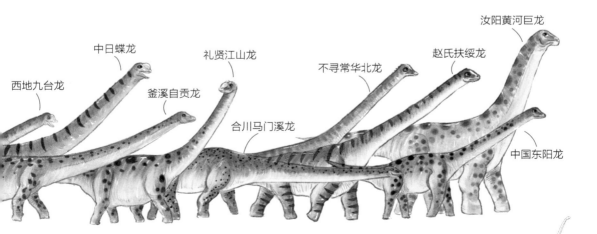

赵氏扶绥龙：生活在白垩纪早期，化石产自广西壮族自治区崇左市扶绥县那派盆地。

不寻常华北龙：生活于白垩纪晚期，化石发现于河北省阳原县与山西省天镇县交界处。

中国东阳龙：生活于白垩纪晚期，化石发现于浙江省东阳市。

汝阳黄河巨龙：生活在白垩纪早期，化石发现地为河南省汝阳县，是目前亚洲体腔最大的恐龙之一。

…………

"咱们的国家居然有这么多长脖子恐龙啊！"

"是啊，中国可是恐龙大国。"

"这些大家伙即使变成了化石也还是这么雄壮，活着的时候得多么威风啊！"

听到孩子们的议论声，我的心情很愉悦。兴趣是最好的内在动力。看吧，这些孩子没准儿会成为恐龙研究事业的接班人。

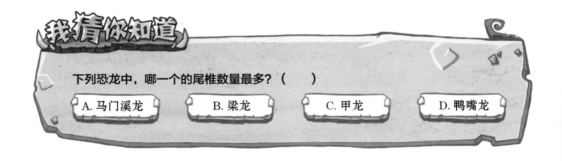

我猜你知道

下列恐龙中，哪一个的尾椎数量最多？（　　　）

A. 马门溪龙　　　B. 梁龙　　　C. 甲龙　　　D. 鸭嘴龙

很大，到底有多大？

关于中国长脖子恐龙的讲解花费了不短的时间，不过这节课还剩下一些时间，于是我决定再讲一些有关恐龙的基础知识。

我打开一些恐龙图片，问道："你们注意到了吗？恐龙的行走方式并不一样。有的用两足行走，有的靠四肢行走。

"蜥脚类恐龙包含恐龙中最大、最长、最重的种类，比如马门溪龙、腕龙、梁龙、阿根廷龙、黄河巨龙等。它们的四肢像粗壮的柱子，支撑着长长的脖子和尾巴，让它们看上去像一座座拱桥。"

我可比桥智能多了，桥是固定的，我能移动，你们可以叫我"移动的桥梁"。

这是座桥吗？

对，恐龙桥。

"是啊，如果那些大个子恐龙还活着，就不用造桥了。你看，只要它们往水中一站，我们直接从它们的身上走过去就好了。"郭铲的想象力也太丰富了。

如果大个子恐龙还活着，给它洗个澡，就是这个阵势了。

"那最大的恐龙到底有多大呢?"唐果认真地问。

我回答："这可不好说，毕竟蜥脚类恐龙终生都在生长。只不过，步入成年后，它们的生长速度会放缓。比如：人们早先发现的梁龙和腕龙体长超过 25 米，大约有两个公交车那么长。之后，人们又发现了更大、更长的地震龙。据研究，它的长度有 30 多米。"

"真是当之无愧的巨无霸啊!"看着展示的图片，顺溜儿感叹着。黄米

盯着图片看了一会儿后，皱着眉头说："张老师，我觉得地震龙和梁龙长得很像呢！"

我笑着说："你的感觉没错。虽然人们最初认为地震龙是一个独立种，但经过详细研究后，科学家认为地震龙可能是梁龙的一种。"

"原来是梁龙啊，难怪它的尾巴也这么长。"郭铲儿若有所思地点点头。

我继续说道："还有一种长得非常大的恐龙——阿根廷龙。它的体长在35米左右，体重相当于十几头大象的总重量。但是，人们只发现了它的部分骨架，因此并不能确定其确切大小。

"所以，哪一种恐龙最大这个问题真不好回答。大多数恐龙化石保存得不完整，古生物学家只能通过发现的化石进行推算，得出的结论不会很精确，也就很难准确地说哪种恐龙是最大的。

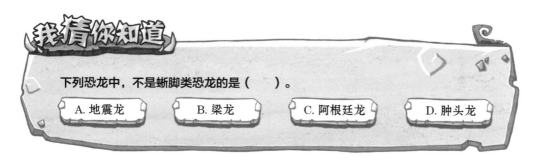

我猜你知道

下列恐龙中，不是蜥脚类恐龙的是（　　　）。

A. 地震龙　　　　B. 梁龙　　　　C. 阿根廷龙　　　　D. 肿头龙

"2017年，世界最大恐龙的纪录又被刷新了。来自阿根廷的超级巨龙——巴塔哥尼亚泰坦龙成为当时新发现的最大的恐龙。这一新发现的恐龙物种体重相当于一架中型民用飞机，体长约有37米，仅一根大腿骨就有约2.4米长。它的肚子里能装下一头大象。站在巴塔哥尼亚泰坦龙面前，霸王龙就像一个小矮人。

"在国内，侏罗纪时期身体最长的蜥脚类恐龙是马门溪龙，不管是哪个种，体长都在10米以上，像体形最大的中加马门溪龙，体长更是达到了35米，比一节火车厢还要长。此外，马门溪龙不仅是国内个体最大的恐龙，也是目前亚洲发现的个体最大的恐龙。这样看来，马门溪龙是当之无愧的'亚洲第一龙'。"

说到这儿，我停顿了一下，然后问大家："同学们，在今天的地球上，哪种动物是陆地上最大的动物？"

"大象！"顺溜儿很确定。

黄米又补充道："是非洲象。"

这孩子的回答很精准，我点点头，说道："没错。非洲象比一辆小轿车还要长，约有 6 米长，体重在 6 吨左右。你们知道吗？在生命演化的历史长河中，曾经出现过许多体形比非洲象大得多的动物，比如已经灭绝的巨犀，它们出现在距今约 3000 万年前的地球上。巨犀体长约为 8 米，身高接近 5 米，曾以'巨人'的姿态独占鳌头。不过，在中生代的恐龙世界，一只普通马门溪龙的体长是巨犀、非洲象的好几倍。"

"为什么那时候的恐龙、巨犀等动物能长这么大，而现在的动物就没有那么大了？"顺溜儿好奇地问。

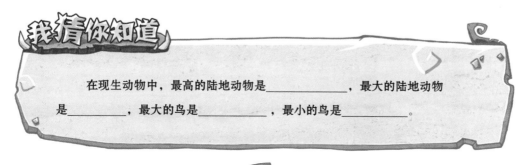

我猜你知道

在现生动物中，最高的陆地动物是＿＿＿＿＿＿，最大的陆地动物是＿＿＿＿＿，最大的鸟是＿＿＿＿＿，最小的鸟是＿＿＿＿＿。

我详细地解释道："这还要从当时的环境说起。地球进入侏罗纪时期后，气候温暖、湿润，大量植物生长起来。植物多了，那些以植物为食的恐龙自然就会兴盛起来。恐龙拥有终生生长的特性，加上有充足的食物，何愁个头长不大？

"而白垩纪时期的蜥脚类巨龙比侏罗纪时期的恐龙还大一些。那些大家伙的体长一般在 20～30 米之间，有的甚至能达到 40 米。不过，很可惜，在白垩纪末期，恐龙惨遭厄运。"

"什么厄运？"郭铲儿很关心恐龙的命运。

"大约在 6500 万年前，也就是白垩纪末期，在地球上生存繁衍了约

1.6 亿年的恐龙家族突然灭绝。"

"啊？恐龙为什么会突然消失呀？"

"它们灭绝的原因是什么？"

"到底是谁杀死了恐龙？"

同学们接二连三地开始发问。

我赶紧回答："同学们，你们问的这些问题也是困扰科学界多年的'疑难杂症'。恐龙专家至今没有找到确定的'病因'，但是大多数人认同'小行星撞地球'的观点。"

"啊，一颗小行星竟然能让庞大的恐龙灭绝！"一个女生感慨着。

"你可不要以为小行星只有足球那么大，它可比足球场大得多呢！"顺溜儿说。

我又解释道："科学家是这样构想的：在白垩纪末期，一颗直径约为10 千米的小行星与地球相撞，撞击的地点可能是现在的墨西哥湾。这次撞

击导致大量尘埃与烟雾冲天而起，遮天蔽日长达数月。由于地球接收不到阳光，气温骤降，大量植物枯萎凋零，许多植食性恐龙因此死亡，肉食性恐龙失去食物来源。食物链的中断导致恐龙最终灭绝。

"科学家的这种推测是有证据的。20世纪中后期，科学家发现了一个奇怪的现象：在白垩纪的黏土层中有浓度很高的铱，其浓度远高于周围地层。要知道，铱元素在地球上十分稀少，却在陨石中大量存在。科学家因此猜测，在约6500万年前的白垩纪末期，一颗小行星从天而降，导致恐龙灭绝。"

张老师小讲堂

地球历史上发生过的5次生物大灭绝事件

1. 奥陶纪—志留纪大灭绝
2. 泥盆纪后期大灭绝
3. 二叠纪—三叠纪大灭绝
4. 三叠纪—侏罗纪大灭绝
5. 白垩纪—古近纪大灭绝

我猜你知道

恐龙是什么时候灭绝的？（　　）

A. 三叠纪　　　B. 侏罗纪　　　C. 白垩纪　　　D. 寒武纪

可以忽略的天敌

很快，第四节课开始了。同学们想要了解的问题更多了。

"我终于知道中生代的第三纪为什么叫白垩纪了，就是纪念白白饿死的恐龙啊。"顺溜儿笑着说。

"你这个解释真有创意。"唐果说。

"张老师，所有的恐龙都是在6500多万年前绝迹的吗？马门溪龙也是那个时候灭绝的吗？"黄米接着上节课的话题追问。

"事实上，迄今为止人们发现的马门溪龙化石都是在晚侏罗世的地层中。"我解释道。

"那也就是说，马门溪龙在侏罗纪末期就全部灭绝了。"黄米说。

妈妈，我们要去哪儿啊？

孩子，我们要退出历史舞台了……

"是的。当时的西南、西北一带气候适宜，环境优越，非常适合恐龙繁衍生息。但是，到了侏罗纪末期，气候、水土等条件急转直下，恐龙的生存环境变得非常恶劣，马门溪龙家族逐渐衰落。一些能够适应环境的恐龙开始兴起，并逐渐成为白垩纪的霸主。"

"张老师，您一直在说大型恐龙，请问有没有小巧玲珑、可爱一点的恐龙呢？"郭铲儿问。

"恐龙都是大块头，哪里会有小不点儿？"顺溜儿说着自己的观点。看来，在他的印象中，恐龙都是大家伙。

我笑着说："顺溜儿，你这话太武断了。实际上，恐龙家族里也有小

家伙。排除未成年恐龙，小个子恐龙大致集中在兽脚类恐龙家族。像驰龙、美颌龙，基本和火鸡差不多大，算是小型恐龙了。

"当然，说它们小只是相对而言。面对庞大的非洲象，我们人类也显得很小。蜥脚类恐龙在发展之初个子普遍偏小，比如：昆明龙和蜀龙虽然体长都在 10 米左右，但与后来的大型蜥脚类恐龙相比，无疑是小型恐龙。

鹦鹉嘴龙　美颌龙　甲龙　　昆明龙　　马门溪龙

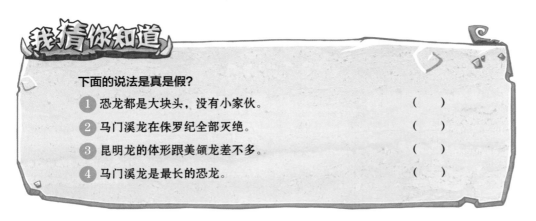

下面的说法是真是假？

1　恐龙都是大块头，没有小家伙。　　　　　　　　（　　）

2　马门溪龙在侏罗纪全部灭绝。　　　　　　　　　（　　）

3　昆明龙的体形跟美颌龙差不多。　　　　　　　　（　　）

4　马门溪龙是最长的恐龙。　　　　　　　　　　　（　　）

"在鸟臀目恐龙里，棱齿龙体形也比较小；原始角龙类中的鹦鹉嘴龙体长仅有1米左右；辽宁龙体长在40～50厘米，就像你们的书桌那么长，是名副其实的小型恐龙。恐龙是一个分类复杂的生物物种，形态、种类千差万别。"

"知——道——了！"同学们齐声喊道。

这时，令我感到欣慰的一幕发生了。一个从来没有发过言的学生举起手，提问道："张老师，那些娇小的恐龙看上去很灵活，而马门溪龙体格这么大，行动又比较缓慢，就不怕被捕食者盯上吗？"

"马门溪龙长得这么大，应该没有哪个肉食者敢打它的主意吧。"顺溜儿猜测。

"那可不一定！你们忘了霸王龙的存在吗？"作为霸王龙"铁粉"的郭铲儿马上反驳。

"霸王龙是白垩纪的物种，而马门溪龙在侏罗纪末期就全族灭绝了。两种恐龙生存在不同的时代，怎么可能遇到？它们要是能遇到，那关公也能战秦琼了。"唐果纠正了郭铲儿的错误。

来战！

你是谁？

关公战秦琼这种事儿只存在于相声里。

三国时期关羽

唐朝秦琼

我等大家话音落下，才开口说："身体庞大的马门溪龙也有惧怕的肉食恐龙——永川龙。永川龙是一种大型肉食恐龙，生活在侏罗纪晚期，不仅身高体壮，趾爪还异常锋利，能够掏开猎物的腹部。可以说，永川龙就是当时的霸主。"

这么长的脖子够我吃上一阵子了。

我的脖子不好吃，尾巴好吃，你要不要尝一尝？

"啊？那马门溪龙会逃跑吗？"郭铲儿关心地问。

我解释道："马门溪龙平时过得很散漫，只有遇到性命攸关的事，才会爆发出强大的力量，能以时速十几千米的速度奔跑。你们可以想象一下，马门溪龙奔跑的场面肯定很壮观。

"永川龙是非常出色的猎手，爆发力强，奔跑速度也很快。值得一提的是，永川龙曾生活在今天的四川盆地，行为可能有些像已经灭绝的剑齿虎。但是，永川龙没有马门溪龙体形大，如果一不小心被马门溪龙踩到，不死也得丢半条命。而且，有些马门溪龙的尾巴末端长着足足几十千克重的大尾锤。想象一下，这么大的尾锤一旦挥舞起来，砸到永川龙，会让它怎么样？"

"粉碎性骨折？"唐果猜测。

"还是顶尖骨科医生都治不好的那种。"顺溜儿应和着。

"也许很多肉食性恐龙曾命丧于马门溪龙的绝招——尾锤大摇摆。"黄米说着自己的想法。

"照你们这样说，马门溪龙反而成了永川龙的天敌！"郭铲儿感到有些奇怪。

"郭铲儿，话虽这么说，但你要知道，马门溪龙是素食主义者，不会主动攻击其他恐龙，沉重的尾锤也只是用来反抗和防御捕食者的工具。永川龙却是真正的猎手，有更完备的捕食武器，马门溪龙只是它食谱中的一员而已。"我总结道。

恐龙的武器

霸王龙的牙　　　　三角龙的角　　　　恐爪龙的爪　　　　甲龙的尾锤

"古生物学家徐星曾经根据合川马门溪龙的化石现场，讲述了一个关于马门溪龙和它的天敌永川龙的故事，你们要不要听？"我问。

"要！我想听听科学家是怎么编故事的。"顺溜儿说。

那是 1.5 亿年前的重庆合川地区，讨厌的下雨天没完没了，许多动物为了避雨躲了起来。

不过，对马门溪龙来说，想找个地方避雨有些困难，因为它太大了——足足有 20 多米长，相当于两辆公交车连在一起的长度。大树挡不住它，也没有山洞容得下它，所以它只能一直淋着大雨。

但是，这只马门溪龙已经习惯了。它活了几十年，见过很多大场面，有过许多困苦的经历，目睹了许多兄弟姐妹的死亡，但它幸运地活了下来，现在已经是这块地盘上的老前辈了。它抬起头，确切地说是举起头。

它不太灵活地抖了抖脖子，甩掉身体上的雨水。

它有点饿了，想去找点吃的。它走起路来，连大地都会微微震动，前面的小动物纷纷给它让路，万一被它踩到可就惨了。就在这时，附近的一只永川龙看到了它，同时它也看到了永川龙。

永川龙像是小号的霸王龙，体重能够达到4吨，是平原上的食肉王者。现在永川龙已经饿得两眼发绿。

它盯着前面的这个大家伙，口水都要流出来了。当然，它一般不会主动攻击马门溪龙，因为马门溪龙的反击力量相当惊人。

不过，永川龙实在是太饿了！它向前挪动了几步，准备发动攻击。

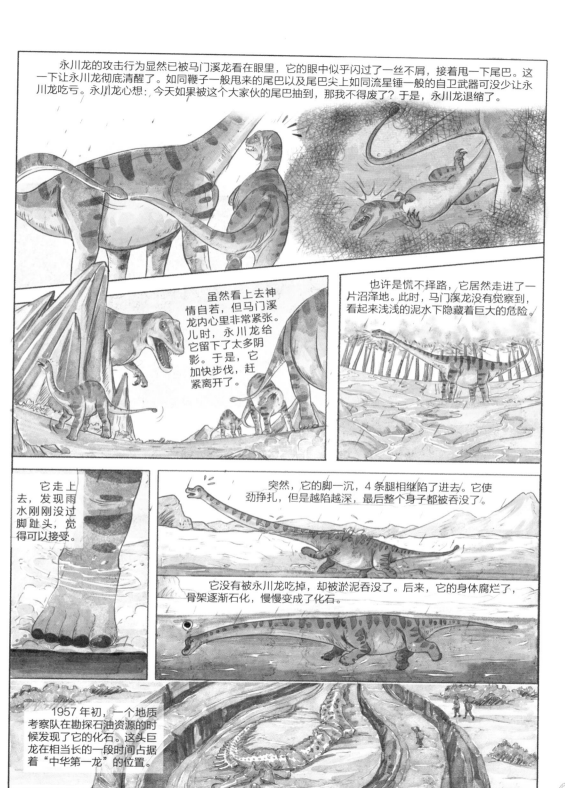

永川龙的攻击行为显然已被马门溪龙看在眼里，它的眼中似乎闪过了一丝不屑，接着甩一下尾巴。这一下让永川龙彻底清醒了。如同鞭子一般甩来的尾巴以及尾巴尖上如同流星锤一般的自卫武器可没少让永川龙吃亏。永川龙心想：今天如果被这个大家伙的尾巴抽到，那我不得废了？于是，永川龙退缩了。

虽然看上去神情自若，但马门溪龙内心里非常紧张。儿时，永川龙给它留下了太多阴影。于是，它加快步伐，赶紧离开了。

也许是慌不择路，它居然走进了一片沼泽地。此时，马门溪龙没有觉察到，看起来浅浅的泥水下隐藏着巨大的危险。

它走上去，发现雨水刚刚没过脚趾头，觉得可以接受。

突然，它的脚一沉，4条腿相继陷了进去。它使劲挣扎，但是越陷越深，最后整个身子都被吞没了。

它没有被永川龙吃掉，却被淤泥吞没了。后来，它的身体腐烂了，骨架逐渐石化，慢慢变成了化石。

1957年初，一个地质考察队在勘探石油资源的时候发现了它的化石。这头巨龙在相当长的一段时间占据着"中华第一龙"的位置。

"这个故事太精彩了。"顺溜儿很喜欢听故事。

"这是古生物学家徐星根据合川马门溪龙化石的形态做的一种推测。不过，我认为，从马门溪龙的化石埋藏地看，它更像是被流水冲到山前河流中的，因为它的身子是绕着山形保存的，有点像搁浅的样子。如果是陷进泥里头，那么它的四肢应该保存得比较完整，可马门溪龙的半个身子都没了。也许它是因为发洪水被淹死的，因为合川马门溪龙的化石周围有很多砾石，并且石头的颗粒大小有很大差别，而泥潭里一般不会有这么多石头。"我打开合川马门溪龙的化石图说着。

"张老师，抛开被天敌吃掉等外界因素，马门溪龙能活多久呢？它们是不是比我们人类还要长寿啊？"黄米好奇地问。

我究竟是怎么死的？你们搞明白没有？

我猜你知道

下面的说法是真是假？

1. 小行星撞击可能是导致恐龙灭绝的原因。 （　）
2. 永川龙生活在白垩纪时期的中国东北地区。 （　）
3. 已经灭绝的巨犀比非洲象的体形大。 （　）
4. 霸王龙是马门溪龙的天敌。 （　）

这又是一个有意思又难以准确回答的问题。我想了想，告诉他："怎么说好呢？一般来讲，植食性恐龙比肉食性恐龙寿命长，大型恐龙又比小型恐龙寿命长。

"根据目前的研究来看，大型蜥脚类恐龙长到成年所需的时间一般是20～40年。因此，马门溪龙应当是恐龙家族中的长寿者。正常情况下，它们能活到上百岁，也许有少数甚至能活到200岁呢！可是，大家千万别忘记，动物会频繁遭受疾病或灾害的侵扰，但它们缺乏自救的能力，只能自生自灭。这样一来，马门溪龙的寿命恐怕未必比人类的长。"

眼神儿和智商的问题

很快，新的问题又出现了："张老师，马门溪龙的视力好吗？它们能看清远处的东西吗？"

马门溪龙是不是也需要配眼镜？

我想了想，回答："判断一种动物的视力好不好，有两个标准。第一，眼睛的大小。通常情况下，动物的眼睛越大，视力越优秀。比如：鸵鸟长着一双很大的眼睛，是动物界的视力王。鸵鸟的视力好到什么程度呢？一只蚂蚁在 40 多米远的地方移动，它都能看清楚。除了鸵鸟，长着大眼睛的鹰、雕和长颈鹿视力也很好。"

"这么说，小铲儿的眼睛大，顺溜儿的眼睛小，那小铲儿的视力一定比顺溜儿的好。"唐果说。

"那可不一定，你没听说过小眼聚光吗？"顺溜儿反驳着。

我接着讲："第二，两眼所处的位置。以牛、马、羊为例，它们的眼睛长在头部两侧，视野较开阔，有利于及时发现前来偷袭的天敌；而老虎、狮子、豹等动物，眼睛长在脑袋前方，且两眼的视野有部分重叠，具有较好的立体视觉，有利于追捕猎物。当然，动物界也存在一些视力不好的成员，比如大象，它们视力很差，一般靠灵敏的嗅觉寻找食物、发现敌人。

"我刚才讲的是现生动物的视力。下面，咱们讲回恐龙。根据化石研究，人们发现剑龙和甲龙的头骨狭窄、扁平，眼睛很小，因此认为它们可能是恐龙家族中的'近视眼'。

"从杨氏马门溪龙的头骨化石特征来看，它们的眼眶内具有完备的巩膜环结构。因此，它们应该视力不错，再搭配上长长的脖子，头的活动范围变大，视力范围自然也变大了，从而提高了对外界的感知力，增强了生存能力。

"而肉食性恐龙大多长着大眼睛，视力较好。尤其是恐爪龙、伤齿龙等小型肉食性恐龙，不仅眼球大，而且双眼间距较大，位置靠前，具有'眼观六路'的立体视觉，能够看清远处的猎物。"

剑龙的悲剧

"张老师，马门溪龙的脑袋这么小，它们的智商怎么样呢？"唐果疑惑地问。

顺溜儿猜道："智商一定不怎么样。"郭铲儿也点点头，赞同了顺溜儿的想法。

我摇摇头，说道："这可不一定！虽然表面上看起来马门溪龙的脑腔很小，脑容量少，但脑容量并不是判断动物智商高低的唯一科学依据。科学家用计算机断层扫描马门溪龙的头骨化石后，发现它们的脑室已经有完善的分化。由此，科学家认为，马门溪龙虽然不属于高智商动物，但它们的脑袋完全能指挥其庞大的身躯。只不过因为行动比较迟缓，它们看上去有点笨手笨脚。"

"张老师，哪种恐龙最聪明，哪种恐龙最笨呢？"顺溜儿问。

我回答："从身体和大脑的比例来看，伤齿龙的大脑是最大的，而且感觉器官也比较发达，因此伤齿龙被认为是最聪明的恐龙；而剑龙的脑容量很小，大脑质量和身体总质量的比例最小，所以它们可能是最笨的恐龙。"

恐龙的后代竟是它！

我刚在黑板上写好马门溪龙的属名"*Mamenchisaurus*"，就听到顺溜儿激动地说："哈哈！张老师，您把字写歪了！"

你以为斜着写字很容易吗？

Mamenchisaurus

唐果看了顺溜儿一眼，得意地说："张老师怎么可能会犯这种低级错误呢？这分明是张老师故意写歪的！"

我听后笑呵呵地说："唐果说得对，我是故意把字写成斜体的。这是马门溪龙的属名，前面部分'*Mamenchi*'是汉语拼音，后面的'*Saurus*'是拉丁语中的'蜥蜴'，所以这个属名的中文意思是'来自马门溪的蜥蜴'。我之所以斜着写，是因为动物命名法明确规定，在用拉丁文表达生物的属或种分类单元时，要斜着写，其他更高级的分类单元一般用正体字。"

"还真是活到老，学到老。"顺溜儿点着头说。我笑了笑，接着问他们："同学们，你们知道现生的哪种动物是恐龙的后代吗？"问完这个问题，我立刻后悔了，因为我刚说完"来自马门溪的蜥蜴"，这是要把单纯的孩子们往沟里带呀。果不其然，好几个同学异口同声地说："蜥蜴！"也有说鳄鱼的，甚至还有说大象的。

这时，黄米坚定的声音传入了我的耳朵："是鸟。"

唐果愣了一下，随后反驳道："恐龙那么大，鸟这么小，恐龙的后代怎么可能是鸟？"黄米摇摇头，说："就是鸟！"

唐果诧异地瞧着黄米，说："好吧，我就相信你一次。"

看着两人的互动，我不禁感到欣慰，对恐龙的共同兴趣让两个性格不同的孩子变得亲密起来。这也算是恐龙课带给他们的一种额外收获了。

我说："黄米的回答是正确的，恐龙的后代是鸟。同样作为爬行动物，蜥蜴和鳄鱼则是恐龙的亲戚，并且都属于初龙类的演化分支。但是，在很久以前，它们就分开演化了。这就有些像人和猴子的关系，恐龙要是看到我们人类和猴子，估计也会说我们和猴子长得差不多。"

大家都看热闹似的笑了起来。

我又说道："不过，因为蜥蜴仍旧保留着古老的外貌特征，所以有些人才会将蜥蜴误认为是恐龙的后代。毕竟，就连当初发现恐龙化石的专家都以为自己发现的是一种大型蜥蜴呢！"

"这个我知道，恐龙的学名里就有蜥蜴的意思！"郭铲儿抢答。

"没错！"我点点头，肯定了郭铲儿的话，"后来，人们才注意到这两种生物存在很大区别。恐龙四肢或两肢'直立'于身体正下方，而不是像蜥蜴那样四肢向两旁撑开。在运动方式上，它们也不像鳄鱼那样匍匐前进。"

我猜你知道

_____ 是鸟类的祖先，

_____ 是人类的祖先。

"如果鸟类是恐龙的后代，那么蜥蜴就是恐龙的兄弟咯？"顺溜儿兴奋地说。

"也可以这么说。"顺溜儿的想象力让我很欣赏，我对他的说法给予了肯定，"据研究，鸟类起源于一支兽脚类恐龙。它们体形一代一代缩小，骨骼慢慢变得中空，逐渐适应飞行，最终演化成了鸟类。"

我接着对大家说："人们根据恐龙的骨头——严格来说，是根据恐龙的骨盆（腰带）构造——将恐龙分为蜥臀目（长着与蜥蜴相似的骨盆）与鸟臀目（长着与鸟类相似的骨盆）。"说完，我便把这两类恐龙以及鸟类的盆骨画在了黑板上。

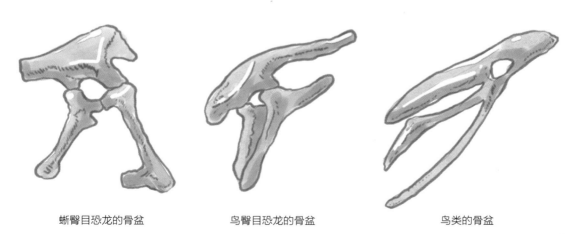

蜥臀目恐龙的骨盆　　　　　鸟臀目恐龙的骨盆　　　　　鸟类的骨盆

我又补充道:"那些长着羽毛的恐龙和鸟类有特殊的血缘关系,比如伶盗龙、小盗龙等。兽脚类恐龙和蜥脚类恐龙共同组成了蜥臀目。"

"等一下,我本来是明白的,怎么现在又糊涂了?"唐果揉着有些发胀的脑袋说,"看您画的盆骨图,我感觉在腰带结构上鸟类与鸟臀目恐龙更相似,但鸟却不是由鸟臀目恐龙进化来的,而是由蜥臀目的兽脚类恐龙进化而来的。"

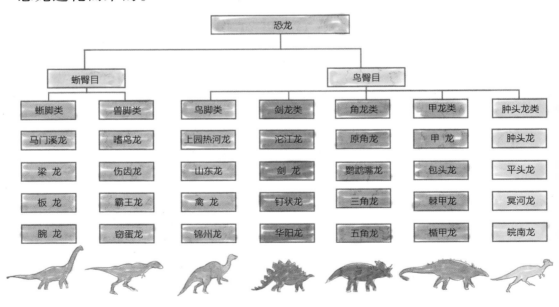

恐龙						
蜥臀目		鸟臀目				
蜥脚类	兽脚类	鸟脚类	剑龙类	角龙类	甲龙类	肿头龙类
马门溪龙	嗜鸟龙	上园热河龙	沱江龙	原角龙	甲龙	肿头龙
梁龙	伤齿龙	山东龙	剑龙	鹦鹉嘴龙	包头龙	平头龙
板龙	霸王龙	禽龙	钉状龙	三角龙	棘甲龙	冥河龙
腕龙	窃蛋龙	锦州龙	华阳龙	五角龙	楯甲龙	皖南龙

谁在说话？

我听见声音了，但没看到"龙影"！

美颌龙

别走得太快，你要踩到我了！

咔嚓

这是一只美颌龙的化石，骨骼有些破碎。它可能是被大恐龙踩死的。

我笑着解释道："起初人们仅根据骨骼形态对恐龙进行分类，并没有按照系统演化进行区分。虽然鸟臀目恐龙拥有类似鸟类的骨盆结构，但这是趋同演化的结果。理论上，人们一般认为蜥臀目中的兽脚类最后演变成了鸟类。

"对了，值得说明的一点是，早期原始鸟类与恐龙的界限很模糊。过去，人们总是用现代鸟类的特征辨别化石的身份，还因此闹出了不少笑

有你什么事？

我也是。

我好想快点变成鸟啊！

话。同学们，你们知道鼎鼎大名的始祖鸟吗？"

"当然知道。"唐果摸了摸自己的头发说，"它是最早被发现的、最古老的鸟类，是鸟类的祖先。"

"确切地说，始祖鸟并不是鸟。"我纠正了唐果话里的错误，"始祖鸟被发现之初，人们在它的身上发现了很多和现代鸟类相近的特征，比如长长的羽毛、用来飞行的'翼翅'等，于是认为始祖鸟就是鸟类的祖先。但是，随着时间的推移，人们发现始祖鸟只是爬行动物到鸟类的过渡类型，在骨骼特征上更接近于恐龙。因此，它在分类上仍属于恐龙，是一种长着长羽毛的恐龙。"

"我第一次听说长着长羽毛的恐龙。"一个同学说。

"那是你孤陋寡闻了。"唐果摆出一副自己早就知道的样子。

我继续说道："除了始祖鸟，还有多年来陆陆续续出土的化石，为我

我有羽毛，再瞧瞧你，光秃秃的。

你显摆什么呀？你会飞，那你还是恐龙吗？

我当然还是恐龙！

我猜你知道

以下哪种动物与恐龙的亲缘关系最近？（　　）

A. 科莫多巨蜥　　　B. 扬子鳄　　　C. 鸵鸟　　　D. 黑猩猩

们展现了恐龙和鸟类之间更多的相似之处。比如：于辽宁省发现的一件寐龙化石居然保持着与鸟类相似的睡眠姿态；于蒙古发现的窃蛋龙并不是'窃蛋的盗贼'，而是在孵化自己下的蛋，这样的行为和鸟类何其相似；还有霸王龙，也就是雷克斯暴龙……"

"暴龙也像鸟？"暴龙爱好者郭铲儿感到非常疑惑。

"一些科学家猜测，霸王龙可能像鸟一样长着蓬松的羽毛。"我斟酌着语句，一板一眼地说。

寐龙化石

窃蛋龙化石

唐果笑着说："毛茸茸的霸王龙？那也太萌了！想想就很有意思！"

"也有古生物学家推测，霸王龙小时候长着一身毛，成年后身上的毛会逐渐褪去。"我进一步说道，"霸王龙长着毛是不是让你们觉得很奇怪？

其实，暴龙类恐龙的祖先——冠龙，浑身长着羽毛。我给你们讲个关于冠龙的故事吧。"

科学家在新疆准噶尔盆地采集到一块巨型的圆柱状化石，并把它叫作"恐龙三明治"。

为什么会有这么奇特的称呼呢？这是因为这块化石一共有5层，其中第一层和第二层是两具五彩冠龙骨架化石，第三到第五层则是3具泥潭龙骨架化石。五彩冠龙和泥潭龙为什么会死在一起？科学家研究后发现，罪魁祸首竟然是马门溪龙。

1.6亿年前，中国西部五彩湾地区气候温暖潮湿，到处是茂密的森林。

马门溪龙成群结队地穿越森林，啃食高处的树叶，不用担心别的动物和它们抢吃的，因为泥潭龙、将军龙、隐龙这些小个子根本够不着树顶的嫩叶。它们也不太担心中华盗龙、五彩冠龙等肉食性恐龙的袭击，因为它们那带着"锤子"的长尾巴是很好的防御武器。

它们慢慢移动着，来到了火山下，路上的泥浆湿润而黏稠。巨大的体形和惊人的体重让它们每走一步都会留下一个个深度可达 1 米的深坑。

这些深坑很快就被周围的火山灰或泥浆填上了。在阳光和风的作用下，表面的泥浆凝固，看起来和周围的地面没什么不同。

但是，硬化的深坑表面只有薄薄的一层，下面依然充满尚未凝固的像胶水一样黏稠的泥浆。

就在这时，一群恐龙正好路过这里。

它们长着修长的脖子，顶着小脑袋，还有着和霸王龙一样的"小短手"，看起来有点儿像长着小胳膊的似鸟龙类。它们的名字是"泥潭龙"。

泥潭龙后腿修长，可以快速奔跑，但并不适合在这种泥泞的地面上活动。

3 只泥潭龙陆续踏进表面凝固的泥浆深坑，瞬间陷入黏稠的泥浆中。

泥潭龙不断挣扎着，但还是越陷越深，最后只能在绝望中死去。

五彩冠龙有超强的嗅觉和敏锐的视力，是强悍的猎手，但它们也常常吃腐肉，毕竟活物不是那么容易捕到的。

由于气候的原因，泥潭龙的尸体开始腐烂。腐臭的气味引来了捕食者——一只年幼的五彩冠龙。

小冠龙并不知道前面是死亡陷阱，只是顺着腐肉味道的方向兴奋地跑了过来。

很快，它来到那个泥潭边上。看到泥水中的泥潭龙尸体，小冠龙内心一阵狂喜，毫不犹豫地扑向尸体。它的后肢刚踏入淤泥，就再也抽不出来了。小冠龙吓坏了，大声呼唤着妈妈，身体越陷越深……

很快，冠龙妈妈注意到了在泥浆中挣扎的孩子。它救子心切，毫不犹豫地踏入泥潭。悲剧再次上演，五彩冠龙妈妈一旦进入泥潭，再想出来简直比登天还难。

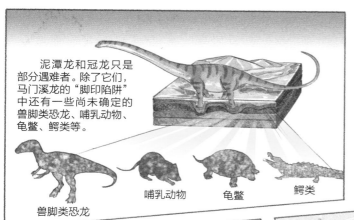

泥潭龙和冠龙只是部分遇难者。除了它们，马门溪龙的"脚印陷阱"中还有一些尚未确定的兽脚类恐龙、哺乳动物、龟鳖、鳄类等。

兽脚类恐龙　　哺乳动物　　龟鳖　　鳄类

自然界的生物时刻在与死亡做斗争，只有强者才能繁衍生息，从古到今皆是如此。有时，一个泥潭，一条河，或者一个流沙坑，都有可能终结某些生命。

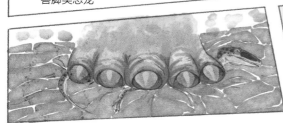

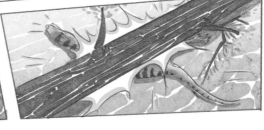

有时，一个再寻常不过的举动都有可能引发连锁反应，甚至葬送许多鲜活的生命。

马门溪龙恐怕根本意识不到，它们的脚印会葬送这么多条性命。

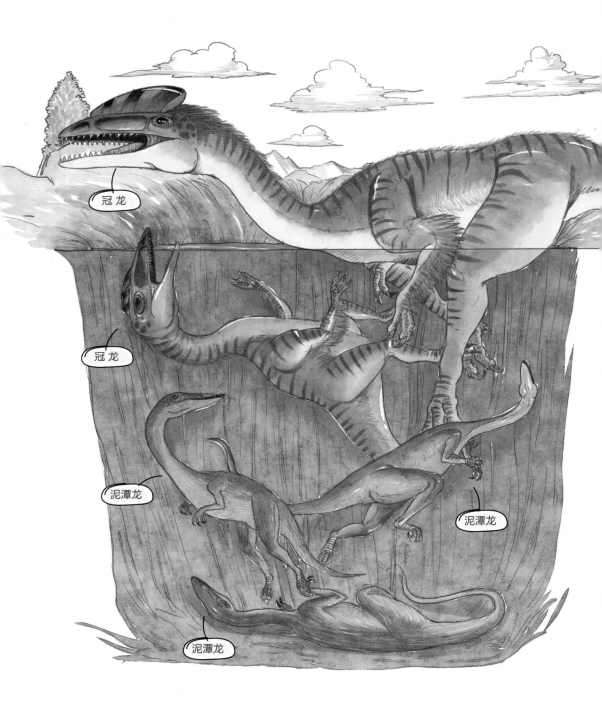

马门溪龙的脚印泥潭葬送了 5 条性命，可怜的冠龙母子、
3 只泥潭龙在这个泥坑中结束了各自的一生。

"太残忍了。马门溪龙的脚印居然让这么多动物丧生。"顺溜儿听完故事，首先发表感想。

"张老师，冠龙真的长了一身毛吗？它们和鸟类的关系很近吗？"一个学生问。

"虽然冠龙及其后代霸王龙与鸟类没有直接的传承关系，但它们是一本同源。鸟是兽脚类恐龙进化的一个分支，而霸王龙属于另一个分支。打个比方，虽然我们人类和大猩猩都属于灵长类，但是人类起源于大猩猩的说法就不准确。要不这样吧，中午我们一起去食堂吃炸鸡，顺便好好观察一下鸡的骨头，毕竟鸡也属于鸟类。通过观察鸡的骨头，你们对恐龙会有更深的认识。"

孩子们高兴坏了，因为他们喜欢吃炸鸡。

"我觉得鸟更像是翼龙的后代，毕竟翼龙会飞。"顺溜儿悄悄嘀咕着。

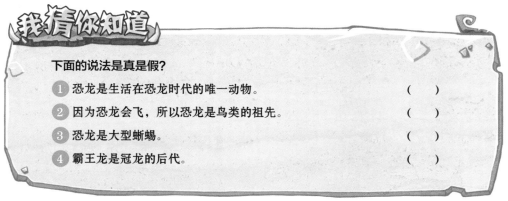

我猜你知道

下面的说法是真是假？

1 恐龙是生活在恐龙时代的唯一动物。 （　　）

2 因为恐龙会飞，所以恐龙是鸟类的祖先。 （　　）

3 恐龙是大型蜥蜴。 （　　）

4 霸王龙是冠龙的后代。 （　　）

"张老师之前说过，翼龙不是恐龙，是恐龙的近亲。"郭铲儿小声地提醒着顺溜儿。

听到两人的小声对话，我笑了笑，然后翻出翼龙的图片，对他们说："看，翼龙的翅膀是由皮膜形成的翼面，像蝙蝠的翅膀，但不像鸟类的。其实，动物界还有许多怪事，比如：鱼形的鲸类不是鱼，能飞的蝙蝠不是鸟，不能飞的鸵鸟却是鸟。"

下课铃响了，我正准备说下课，黄米忽然问："张老师，我之前看过一本关于蝙蝠的科普书，书里介绍蝙蝠无羽毛，但有体毛，那羽毛和体毛的区别是什么呢？"

"羽毛是鸟类身体表面所长的毛，当然有些恐龙也长着羽毛。羽毛结构复杂，能帮助鸟类飞翔；而体毛基本生长在哺乳动物身上，结构简单，主要功能是保温。"我看着黄米，解释道。

"张老师，我们四川的马门溪龙真的彻底灭绝了吗？没有一支演化成鸟类吗？"唐果一脸不甘心地问我。

"很可惜，鸟类是一种小型肉食性兽脚类恐龙的后裔。像马门溪龙这样的大家伙，在演化过程中逐渐灭绝了。物竞天择，适者生存。这是大自然的规律。"我回答。

铁杵能磨成细针，木杵只能磨成牙签。材料不对，再努力也没用。

马门溪鸟？

我猜你知道

下面的说法是真是假？

1 恐龙是哺乳动物。　　　　　　　　　　　　　　　　（　　）

2 鸟类是由翼龙演化而来的。　　　　　　　　　　　　（　　）

3 所有会飞的动物都是鸟，反过来，所有的鸟都会飞。（　　）

4 恐龙的行动都比较迟缓。　　　　　　　　　　　　　（　　）

吃炸鸡，聊恐龙

中午，我和孩子们一起到食堂吃炸鸡。校长之前特意交代食堂今天做炸鸡，让我们吃饭和科学实践两不误。其实，科学就在身边，等着我们去发现。

我问大家："你们都知道哪些鸟呀？"

"麻雀。"这个答案是黄米给出来的。

"老鹰。"

"孔雀。"

"凤凰。"

"鹦鹉。"

"乌鸦。"

孔雀　　　　老鹰　　　　凤凰　　　　麻雀

听到大家的回答，我不由得笑了出来。现在很多孩子很少认真观察过真正的鸟，也许鸟和恐龙对他们来说几乎是一样的——都只在图片和视频中见过。但是，大家对鸡就熟悉多了。不过，他们不一定知道鸡其实是一种鸟。

我接着问大家："你们吃过鸡的哪个部位呢？"

"鸡腿、翅中、翅根、鸡胸……"

我又问："哪个同学能告诉我鸡翅膀由几根骨头构成？鸡脚上有几根脚趾？鸡骨头能不能在水面上漂浮？"

这一连串的问题让原本兴奋的孩子们瞬间陷入了沉思。显然，这些问题引起了他们强烈的好奇心。

　　然后，一场雄辩就开始了。

　　我安静地坐在椅子上，一边吃炸鸡一边听着他们的讨论。

　　当我把鸡骨头摆开，同学们渐渐停止了争论，安静下来。我笑眯眯地瞧着他们，打趣道："你们终于说完了！那就该我说了。"我指着桌子上那摊鸡骨架说："你们看，鸡翅膀有 3 根指骨，而多数兽脚类恐龙的前肢也有 3 根手指。所以，咱们可以这样推理，鸡翅上的 3 根指骨是由恐龙前肢的 3 根手指演化来的。有一个名词叫作'同源器官'，是指外形、功能不同，但具共同起源、相似结构的器官。"

真相就藏在鸡的翅膀中。

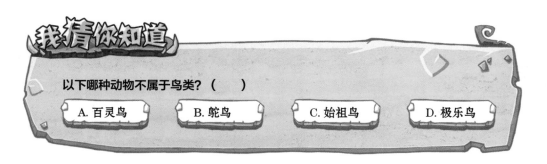

以下哪种动物不属于鸟类？（　　）

A. 百灵鸟　　　B. 鸵鸟　　　C. 始祖鸟　　　D. 极乐鸟

"鸡和恐龙居然有这么一层关系。"郭铲儿说，"以前我从不会把鸡和恐龙联系在一起，真没想到鸡竟然是恐龙的子孙。"

"就是这么神奇。"我耸了耸肩说，"据说，美国的研究人员提取了暴龙化石中的胶原蛋白，并将其与现生动物的胶原蛋白进行了比对。他们惊喜地发现，在胶原蛋白结构上，与恐龙最接近的竟然是鸡。"

"唉，在知道真相的这一刻，我好难受。"这是身为暴龙迷的郭铲儿无意识发出的呢喃。

　　"霸王龙的肉和鸡肉一样好吃吗？"顺溜儿又开始了想象。

　　"理论上是这样吧！"唐果冷静地分析着，"也许霸王龙肉在口感上真的和鸡肉差不多。但是，这只是一个假设，毕竟它们当时几乎没有天敌，又有谁能吃到霸王龙的肉呢？"

　　"这么说，霸王龙不就是大号的鸡吗？"黄米半开玩笑地说。

　　"那它们应该叫霸王鸡！"顺溜儿做出一个滑稽的表情，故意起哄。

听着孩子们天马行空的猜想，我不由得暗笑：这些古灵精怪的孩子们啊！对于恐龙，他们有着无边的想象力，总会说出成年人想不到的设想。

"你们听说过'恐龙鸡计划'吗？"我问大家。

"没有。"大家齐齐摇头。

我只好给他们解释："所谓的'恐龙鸡'是由一位来自美国的古生物学家杰克·霍纳提出的概念。在他的计划里，人类将利用一种'逆向基因

工程'技术，唤醒现代家鸡体内沉睡的'恐龙基因'，从而让鸡'退化'成一半像恐龙一半像鸡的恐龙鸡。"

"感觉这位古生物学家有些像漫画里的'科学怪人'呢。"郭铲儿抱着肩膀，打了一个寒战。

对郭铲儿的话，我不置可否，继续说："霍纳宣称，第一只恐龙鸡有望在未来几年诞生，而他的最终梦想是培育出真正的史前恐龙。"

"然后那只恐龙鸡因为某些原因而发狂，到处攻击人类！"顺溜儿接着我的话说。

唐果问顺溜儿："你说的应该是《侏罗纪公园》中的桥段吧。"

我对他们说："说到《侏罗纪公园》，我还得告诉你们一个小秘密！据说，这个影片就是受霍纳的研究启发拍摄的，杰克·霍纳还担任了该片的技术顾问呢！"

"这位博士真是身兼数职啊！"郭铲儿表示很意外。

"能者多劳呗。我希望可以早日看到恐龙鸡。"顺溜儿一边吃着炸鸡一边说。

"这跟现代克隆技术有什么两样？完全打乱了生物的进化规律。我倒是希望恐龙鸡的研究不要成功。"郭铲儿的脸上露出不满的表情。

就在两人争论时，我注意到，黄米正摆弄着一些零碎的骨头。不一会儿，他就用这些小骨头摆出了一个完整的鸡爪形状。旁边的唐果瞪大了眼睛，表现得很震惊。说实话，就连我也有一些惊讶。我说："黄米，你很厉害呀。"

黄米腼腆地笑了笑。看得出来，他是一个热爱科学、勤奋又有天赋的孩子。

"我们正好说一下鸡脚有几根脚趾这个问题。你们看，鸡有 4 根脚趾。这一点和有些恐龙是一样的。鸡的 4 根脚趾中，有 1 根与其他 3 根方向不同，是朝后的。这是鸟类为了抓住树枝而演化出来的。所以说，形态特征往往和生活环境息息相关。"我解释着。

"作为同源器官，人的脚和鸡爪为什么会存在这样的差别呢？这是因为人直立行走，所以五趾都着地承重；鸟类一般栖息在树上，因此第一趾向后转，与前面三趾形成对握的姿态，而第五趾则因鸟类的习性退化了。"我说。

同学们都认真地看着自己的手指。

"仔细观察一下自己的手指，你们能看到它们各是由几块骨头组成的吗？先看拇指。它由两块骨头组成，而其他4根手指都是由3块骨头组成的。这一点和鸡爪完全不同。鸡爪的骨头数是多少呢？"我拿出一只鸡爪，边晃边说。

"我从来没数过。"顺溜儿说。

"鸡朝后的第一脚趾有两根骨头，第二脚趾有3根骨头，第三脚趾有4根骨头，第四脚趾有5根骨头。"我说。

"鸡的每根脚趾的骨头数量都不一样啊。"郭铲儿看出了其中的规律。

"但是，这样的结构恰恰和恐龙的相同。所以，可以这样说，鸟类的脚趾和恐龙的脚趾是同样的构造。"我总结道。

黄米忽然问我："张老师，鸟类是由恐龙演化而来的说法最早是谁提出来的？"

我用餐巾纸擦了擦手，然后拿出电脑，找到了资料，指着一个人的照片对大家说："这个人叫赫胥黎，是英国的一位博物学家。"

"我知道他。"郭铲儿惊喜地说，"他是达尔文的粉丝，也是进化论的坚定支持者！"

我点点头，继续讲："郭铲儿说得很对，赫胥黎一直对达尔文很尊敬。这些都是题外话，咱们要说的是他和恐龙的关系。

"19世纪中期，赫胥黎意外发现恐龙的骨骼和现代鸟类的骨骼有很多相似之处，于是进行了大量的研究，并发表了一篇论文，论证恐龙与鸟类的关系。"

"张老师，我发现鸡爪上的这些小骨头越往前越短。其他鸟类也是这样吗？"黄米问。

"黄米观察得很仔细，这里面可是暗藏玄机啊。以中间的第三脚趾为例，麻雀等鸟类第三脚趾的趾骨，从趾跟到趾尖，每块骨头越往前越长。这一点与鸡正好相反。你们知道这是为什么吗？这是因为，在树上栖息的鸟类，用于抓握树枝的趾骨主要在前端，长期作用下，前端的趾骨就变得越来越长；而鸡是在地上行走的，身体的重心在脚跟部位，因此脚跟处的趾骨就变得粗壮起来，前端的趾骨就越来越小了。"我回答。

"善于观察的人会得到很多知识。科学家通过观察一种动物的骨头，可以了解它的过去和生存空间，因为骨头的形状取决于祖先遗传和生活环境两大因素。"我补充道。

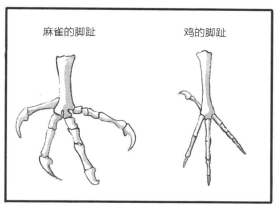

同学们听完频频点头。这时，我身边忽然响起了掌声，回头一看，发现食堂的一名厨师正站在我旁边，一脸钦佩地瞧着我。他见我回过头，热情地握住我的手，说："哎呀，有句话怎么讲来着？处处留心皆学问啊！我做炸鸡这么多年，从来没想过这些问题。"

后来，我还跟同学们讨论马的蹄状脚趾、猪的脚趾和兔子的脚趾。

"其实，所有哺乳动物的祖先都有 5 根脚趾，但是后来因为不同的原因，有些哺乳动物的脚趾退化了。比如：马需要在草原上奔跑，脚趾便退化到只剩一趾，又长出了厚厚的角质层，也就是现在的蹄。"

"大家吃过猪蹄吧？那你们是否观察过猪蹄有几根脚趾呢？"

"张老师，你有点欺负人啦！我们怎么会特意去数猪蹄有几根趾头！"顺溜儿不服气地说。

唐果看了顺溜儿一眼："顺溜儿，这就是你和科学家的差距。赶快让张老师继续讲吧，我还想知道答案呢！"

"猪的脚趾外部可见的有 4 根：两根大的，两根小的。"我把猪蹄画在了餐巾纸上。

"猪的另一个脚趾是如何退化没了的？为什么脚趾从5根变成了4根？你们谁能说一说呀？"我问。

"演化的呗！"顺溜儿回答。

"为什么演化成这样？你得说明白呀！"唐果说。

"我们用手来做个实验。"我把手掌贴在桌子上，"你们看，抬手的时候，最先离开桌面的是拇指，其次是小指。一些哺乳动物的脚趾头就是这样退化成了4趾、3趾甚至2趾、1趾。比如：马就只剩下中间的趾头了。"

"这也太形象了！"郭铲儿感慨道。

"那兔子呢？"一个女生问。

虎（前肢）：5根脚趾　　猪：4根脚趾　　三趾树懒：3根脚趾　　骆驼：两根脚趾　　马：1根脚趾

大家突然齐刷刷地瞧向郭铲儿。郭铲儿被看得一愣："你们看我干啥？"

"你不是养了两只兔子吗？快给我们说说。"唐果说。

郭铲儿红了脸，小声地说："我从来没仔细看过小兔子的脚。"

"兔子的前爪有5根脚趾，后爪有4根脚趾。前爪多一根脚趾是为了挖洞，而后爪有4根脚趾方便助跑！"我又在纸上画了兔子的脚趾示意图。

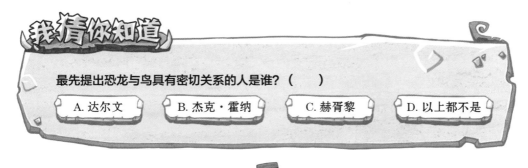

我猜你知道

最先提出恐龙与鸟具有密切关系的人是谁？（　　）

A. 达尔文　　　　B. 杰克·霍纳　　　　C. 赫胥黎　　　　D. 以上都不是

郭铲儿说："张老师，虽然我不知道兔子有几根脚趾，但您刚才问的其中一个问题——鸡骨头能不能在水中漂浮，我是知道答案的。鸡骨头可以漂浮在水中。一次，我将鸡腿骨丢进鱼缸里喂鱼。头两天上面有肉的时候，它还沉在缸底；后来肉被鱼啃光了，它居然漂了起来。"

我看着郭铲儿："这就是你通过观察得到的知识，是一笔宝贵的财富。"

"郭铲儿观察得很好。谁能说说这种现象是怎么回事吗？"我笑眯眯地提问。

大家面面相觑，谁也答不上来。

没办法，我只好自问自答："这种现象表明，鸟类骨头的密度非常低。当骨头表面的附着物被全部啃食干净后，鸟类的骨骼因为是中空的，中间布满空气，所以会浮在水面上。"

午饭后，应黄米的要求，我和他一起做了那只麻雀标本，其他同学围在一旁观看。

我们先把麻雀肚子上的毛拔去一些，之后黄米操刀，割开麻雀的肚子。只听"唰"的一声，麻雀的肚子被划开了，鲜血也随之流了出来。看到这一幕，同学们都捂住了嘴巴。

然后，我把麻雀肚子里的肝、心、肺等内脏全挖了出来，一股股腥味儿呛得黄米直咳嗽。接着，我拿来一些旧棉絮塞进麻雀的身体内，又洒了一些酒精和福尔马林，然后把两颗小玻璃珠安进小麻雀的眼眶中。

黄米疑惑地问："为什么要放这些东西？"

我告诉他："将酒精和福尔马林放入小鸟体内，能够消灭细菌，使标本更容易保存。玻璃球是麻雀的义眼，让标本看上去美观生动。"

最后，我们用线将麻雀的肚子缝了起来。就这样，麻雀标本做好了。

黄米把麻雀标本固定在一根树枝上，小麻雀变得活灵活现的。同学们纷纷围观，都非常兴奋。

"张老师，麻雀和恐龙的头一点儿都不像，怎么也看不出它们是恐龙的子孙啊！"顺溜儿摇了摇头。

"对呀！你看鸟的嘴巴，里面都没长恐龙那样锋利的牙齿，同样没有恐龙的影子。"郭铲儿说。

"早期鸟类是有牙齿的。有些科学家认为，后来鸟类牙齿的丢失与角质喙的发育有必然的联系。角质喙慢慢取代了牙齿的功能。"我说。

有一个区分鸟类头骨和哺乳动物头骨的法宝，那就是看有没有牙齿。

狗的头骨：有牙齿。

鸽子的头骨：很轻，很薄，没有牙齿。

愉快的恐龙课堂结束了。说实话，我的内心有一些不舍的情感。短短几节课，我感受到了这些孩子们对恐龙满满的热情。看得出来，他们不会停下探索恐龙世界的脚步。我和他们说再见的时候，好几个孩子哽咽着说不出话。我安慰他们："别难过，咱们以后一定还会见面的！"我相信，恐龙会再一次把我们聚在一起。

4. 伶盗龙、伤齿龙、甲龙、鸭嘴龙、窃蛋龙、永川龙……

7. 哺乳动物　灵长　猴　猴

9. ×　√　×　√

12. B

16. D

18. ①恐龙的尸体被泥沙迅速掩埋，开始渐渐腐烂。
　　②剩下的恐龙骨架由于地质作用，越藏越深。
　　③恐龙骨架逐渐"石化"，成为化石。

20. ×　×　×　×

24. B

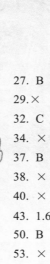

27. B

29. ×　√　×　√

32. C

34. ×　×　×　√

37. B

38. ×　√　√　√

40. ×　×　×　√

43. 1.6亿　侏罗　巨蜥或鳄类　暗绿　灰褐

50. B

53. ×　√　√　√

56. A

57. C

64. B

67. D

69. 长颈鹿　非洲象　鸵鸟　蜂鸟

72. C

75. ×　√　×　×

82. √　×　√　×

90. 恐龙　古猿

94. C

101. ×　×　×　√

103. ×　×　×　×

106. C

117. C